Norbert Urbitsch

DAS ERFOLG*REICHE* VERKÄUFERLEBEN

Sachbuch

Mauer Verlag
Wilfried Kriese
72108 Rottenburg a/N
Buchgestaltung: Wilfried Kriese
Titelbild: Domink Kriese und Wilfried Kriese
2009
ISBN 978-3-86812-186-5

www.mauerverlag.de

Inhalt

Vorwort
„Das erfolg*reiche* Verkäuferleben".

Im Titel dieses Buches befinden sich verschiedene Eigenschaften: „Erfolg", „Reich", „Verkäufer" und „Leben".

Ich will mit diesem Buch zum Ausdruck bringen, daß „Erfolg" nur aus der Summe der Aktivitäten zu erreichen ist. „Reich" wirst du erst mit dem Erfolg. „Verkaufen" ist etwas „leben"diges. Wobei es nicht nur lebendig ist, sondern auch von lebenden Körpern vollzogen wird. Wir alle leben.

Und ab dem frühen Kindesalter beginnen wir zu verkaufen. Dabei lernen wir. Wie später im Berufsleben.

Der große Meister im Leben ist unsere nähere Umgebung, Eltern, Geschwister, Freunde, Verwandte und Bekannte. So wie wir es erleben, wie wir erzogen werden, verbunden mit unserer eigenen Einstellung, so verkaufen wir uns im täglichen Leben.

So mancher von uns wählt das „Verkaufen" zu seinem Beruf. Wir lernen es von unseren Vorgesetzten und Kollegen, besuchen Schulen, Kurse und Seminare. Die erreichten Lernziele in der Theorie werden mit Diplome und Auszeichnungen dokumentiert.
Nur - reicht das?

In meiner langjährigen Tätigkeit als Verkäufer, Verkaufsleiter, Geschäftsführer, Ausbilder, Unternehmensberater, Erfolgs-, Motivations- und Verkäufertrainer und auch als selbständiger Unternehmer konnte ich in der Praxis miterleben, welche Probleme viele Verkäufer/innen zu bewältigen haben.

Ich will hier nicht mein Verkäuferleben erzählen, keinen Roman schreiben, sondern allen Kollegen/Innen in der Verkaufsbranche helfen, mit ihren täglichen Problemen, Ängsten, Hürden und dem sogenannten Druck fertig zu werden und zu zeigen, es ist alles sehr einfach, auch wenn es manchmal schwierig erscheint.

Verkäufer?

Was oder wer ist ein/e Verkäufer/in?

Viele Personen welche im Handel tätig sind bezeichnen sich als Verkäufer. Doch sie sind es nicht. Zumindest nicht im herkömmlichen Sinn. Denn sie sind im **Käufermarkt** tätig.

Denk doch nur zum Beispiel an die vielen Tabak- und Zeitschriftenläden. Es gibt doch nur vereinzelte Verkäufer in dieser Branche. Der Kunde **kommt** in das Geschäft und verlangt etwas. Der Verkäufer folgt das verlangte aus und nimmt das Geld in Empfang. Ich habe noch keinen Verkäufer erlebt, welcher mir die Handhabung einer Zeitung oder das genußvolle rauchen einer Zigarette erklärt hätte.

Warum auch?

Er hat doch keine Konkurrenz zu fürchten, obwohl es mehr Tabak- und Zeitschriftenläden als Gemüsehändler gibt. Zum Unterschied im freien Handel, kostet die Zeitung etc. überall gleich viel. Und kauft „sein“ Kunde am nächsten Tag die Zeitung in einem anderen Geschäft, kommt dafür ein anderer Kunde zu ihm.

Dennoch ist er ein Verkäufer. Er verkauft die Zeitung für einen Verlag. Dadurch, daß er nicht aktiv verkauft, nennen wir ihn einen ***passiven*** Verkäufer.

Welche passiven Verkäufer fallen dir noch ein?

Liste sie in deinen Gedanken auf.

Fertig?

Bevor Du weiterliest solltest du mindestens drei passive Verkäuferbranchen nennen können.

Welche sind dir eingefallen?

Fassen wir gemeinsam einige zusammen:

Bäckerei, Fleischhauer, Lebensmittelhändler, Blumengeschäfte, Apotheken ....usw.

Sind diese aber wirklich alle passiv?

Sehen wir uns die Praxis etwas genauer an. Nehmen wir als Beispiel die erste genannte Branche, die Bäckerei.

Der Kunde betritt die Bäckerei, ein angenehmer Duft von frisch gebackenem Brot, knusprigen Semmeln und feinen Mehlspeisen umgibt ihn.

Die Verkäuferin fragt ihn: „Bitte, was darf‘ s sein?“

- „ Ein halbes Brot“ -

„ Darf‘ s sonst noch was sein?“

- „Zwei Kipferl“

„Und was noch?“

- „Danke, alles.“

„Macht .... €uro.“

Der Kunde bezahlt, packt sein Brot und die Kipferl ein und verläßt das Geschäft.

Also ist die Bäckerei eine passive Verkaufsbranche.

Aber HALT!

Hat die Verkäuferin nicht letzte Woche auf das Sonderangebot, die drei Krapfen um nur 1,- €uro, hingewiesen? - Doch *kein* passiver Verkauf. Oder?

Wie schaut es beim Fleischhauer aus?

Der Kunde bestellt ein Rindfleisch zum kochen: „Wolln´ s was mageres oder was durchzogenes?“

Das ist doch *kein* passiver Verkauf. Oder?

Dazu stellt sich die Frage: Was ist passiver Verkauf?

Unter passiven Verkauf versteht man jene Verkaufsaktivitäten wo der Verkäufer eben nicht ***aktiv*** ist. Wo der Kunde seinen Wunsch äußert und auch das von ihm gewünschte in der bestellten Form erhält.

Auch wenn der Kunde zwischenzeitlich auf andere Produkte aufmerksam gemacht wird, und der Verkäufer dementsprechend *aktiv* wird, bleibt er dennoch ein passiver Verkäufer.

Ich möchte auf keinem Fall die Arbeit, die Leistung und den Einsatz dieser Verkäufergruppen schmälern oder herabsetzen. Im Gegenteil. Wie würde unser Alltag aussehen, wenn wir sie nicht hätten.

Ein Außendienstmitarbeiter einer Großhandels- oder Erzeugerfirma bietet seinen Kunden die Produkte seiner Firma an. Da er durch seinen Verkaufsumsatz mittels Provisionsbeteiligung sein Einkommen verbessern kann, ist er natürlich bemüht, seinen Kunden recht viel zu verkaufen.

Mit größter Sorgfalt hat er seine Unterlagen, Muster und Warenproben vorbereitet. Er offeriert seine Produkte unter Erwähnung aller möglichen Vorteile gegenüber Konkurrenzprodukten. Obendrein nennt er auch noch Verkaufsargumente, führt die leichte Handhabung seiner Produkte vor. Er geht intensiv auf Fragen seiner Kunden ein.

Bemerkt er Kaufsignale seiner Kunden, dann verstärkt er die positiven Argumente und notiert sofort die Bestellung.

Bei negativer Beurteilung mancher Produkte macht er seinen Kunden auf die starke Nachfrage dieser Produkte im allgemeinen Markt aufmerksam. Durch einen intensiven Argumentedialog versucht der Vertreter mehr zu verkaufen bzw. ein Zusatzgeschäft zu tätigen.

Man kann sagen, er geht auf seinen Kunden äußerst aktiv ein. Nennen wir ihn einen ***aktiven*** Verkäufer.

Doch gibt es nicht auch Vertreter die bloß auf einen Anruf oder einen Brief der Kunden mit deren Bestellung warten?

Seien wir auch hier objektiv.

Bevor der Kunde selbst seinen Wunsch äußern kann, muß er erst einmal auf das Unternehmen aufmerksam gemacht werden. Und das erfolgt meist über Außendienstmitarbeiter welche Neukunden akquirieren.

Wer schon neue Kunden geworben hat, kennt die mühevolle Terminvereinbarung und die schwierige Gesprächsaufbereitung. Dafür benötigt man schon viel Geduld und Ausdauer.

Nur wer wirklich *aktiv* ist, wird durch Aufträge belohnt.

In der Finanzdienstleistungsbranche kontaktiert ein Außendienstmitarbeiter telefonisch seine zukünftigen Kunden.

Diese Art der Kundenakquisition ist manchmal schwieriger als man denkt. Schon allein deshalb, weil hier die Geschäftsanbahnung meist im privaten Bereich der Kunden erfolgt.

Wer von euch hat schon nicht einmal einen Anruf eines Fremden erhalten? Daß man hierbei auf den Unbekannten etwas zurückhaltend reagiert, ist wahrscheinlich verständlich.

Hat er endlich einen Termin, ist noch lange nicht alles gelaufen. Bei dem darauf folgenden Gespräch muß es der Verkäufer erst einmal schaffen, daß sich der Kunde offenbart und seinen finanziellen Status preisgibt, damit der Verkäufer ein kundenorientiertes Offerte stellen kann.

Doch der Aufwand und die dabei zu überwindenden Hürden lohnen sich für diesen Verkäufer, werden doch in der Finanzdienstleistungsbranche relativ hohe Provisionen bezahlt. Allerdings meistens nur Abschlußprovisionen.

Äußerst selten werden auch noch Folgeprovisionen fällig. Durch diesen Modus ist dieser Verkäufer ständig auf der Jagd nach neuen Kunden.

Freilich kann auch der Jäger durch permanente Kundenbetreuung bei seinen Bestandskunden zu Folgegeschäften kommen.

Aber nicht alle Kunden bleiben ihm auf alle Zeiten treu. Denn Jäger gibt es sehr viele, und jeder möchte oder muß sein Geschäft tätigen um zu überleben.

Diese Spezies von Verkäufern müssen etwas mehr als nur aktiv sein, darum nennt man diese: die ***aggressiven*** Verkäufer.

Fassen wir kurz zusammen, welche Verkäuferarten es gibt, bzw. wie man sie benennt:

passiv
aktiv
aggressiv

Alle drei Arten von Verkäufer sind notwendig um unseren gewohnten Lebensablauf zu gestalten.

Sie sind miteinander nicht vergleichbar, verwendet aber doch in mancher Situation zum Beispiel der passive Verkäufer die Gepflogenheit des aggressiven, oder auch umgekehrt, der aggressive jene des aktiven oder passiven Verkäufers.

Der Bäcker zum Beispiel wird niemals von seinen Kunden die Offenbarung, sprich die Öffnung der Geldbörse seines Kunden verlangen, um festzustellen, ob sich dieser die bestellte Semmel überhaupt leisten kann.

Er wird aber seine Großabnehmer, wie Hotels oder Gasthäuser, akquirieren wie der aggressive Verkäufer. Nur muß er es nicht jeden Tag tun.

Genauso wie der aggressive Versicherungsvertreter nur darauf warten kann, bis sich der Kunde ein neues Auto zulegt und mit dem Wunsch einer Kfz-Versicherung zu ihm kommt.

20 / 80

Nachdem wir die einzelnen Verkäuferarten definiert haben, wollen wir uns in der weiteren Folge hauptsächlich mit der schwierigsten bzw. aufwendigsten Verkäuferart beschäftigen, dem aggressiven.

Der Grund weshalb, liegt ganz einfach darin, daß der Aufwand für eine aggressiven Verkauf vielfältiger ist, und du, ganz egal in welcher Kategorie du tätig bist, das eine oder andere für dich persönlich verwenden kannst.

Lernen oder anwenden kannst du auch nur solche Dinge, welche für dich eine Herausforderung sind.

Es wird kaum ein aggressiver Verkäufer zu Hause warten bis seine Kunden endlich anrufen und von selbst um einen Termin bitten.

Je größer ein Unternehmen ist, umso mehr Mitarbeiter im Außendienst hat es. Ein Unternehmen, welches hauptsächlich vom Vertrieb seiner Produkte lebt, kann nur vom Außendienst aufrecht gehalten werden.

Ein Unternehmen welches klein beginnt, vielleicht neben dem Eigentümer noch zwei Mitarbeiter im Außendienst hat, muß natürlich recht große Anstrengungen auf sich nehmen, um am Markt bestehen zu können. Falls einer der beiden Verkäufer keine großartigen Verkaufserfolge vorweisen kann, wird der Eigentümer selbstverständlich sich nach einen besseren umsehen.

Das Unternehmen wächst und wächst. Der Zeitpunkt kommt, wo sich der Chef vom aktiven Verkauf zurückziehen kann oder muß.

Die Verkäufer haben sich inzwischen von zwei auf einige Dutzend oder sogar einige hundert vermehrt. Ein Verkaufsleiter und einige Verkaufsgruppenleiter haben sich etabliert.

Sobald eine Verkaufsorganisation größer wird, rechnet das Unternehmen nur mehr in Gesamtverkaufsziffern. Es zählt zwar nach wie vor die Leistung jedes Einzelnen, doch wenn einige Verkäufer keine Topumsätze bringen, fällt das nicht so sehr ins Gewicht.

Zieht dieses Unternehmen Bilanz über jeden einzelnen Verkäufer, wird es feststellen, daß ca. 20 % der Verkäufer 80 % des Gesamtumsatzes bringen. In der Gegenrechnung bedeutet das, daß 80 % der Verkäufer die restlichen 20 % des Umsatzes bringen. Das ist erschreckend, aber Tatsache.

Wie fühlst du dich, nachdem du den letzten Absatz gelesen hast?

In welcher Kategorie befindest du dich?

Spürst du die Verkrampfung in dir?

Wovon kommt diese Verkrampfung?

Hast du ein schlechtes Gewissen?

Das kommt davon, weil du siehst wie deine Kollegen mehr verkaufen als du, obwohl du sogar unter den 20 % Topverkäufern bist. Du fragst dich immer, wie die anderen das bloß machen. Die machen aber nur dasselbe wie du, sie verkaufen.

Nachdem das „Verkaufen“ keine Fließbandarbeit ist, wird es immer jemanden geben, der mehr verkauft. Einmal der, einmal der andere, dann du. Wenn du aber zu den 80 % der Verkäufer zählst, welche nur 20 % des Umsatzes bringen, wird es sehr kritisch für dich.

Du fragst dich auch, wie das die anderen nur machen. Manchmal hast du das Gefühl vor einer großen Mauer zu stehen, welche du nicht überwinden kannst. Du spürst das flaue Gefühl im Magen, etwas Beklemmendes umgibt dich, es quälen dich Zukunftsängste, die Hände werden feucht, der Hals wird trocken, deine Augen flackern nervös hin und her. Bei Dienstbesprechungen, wenn die erfolgreichen gelobt werden, senkst du verschämt den Blick.

Warum ist das so?

Hast du das notwendig?

Du hast zwei Möglichkeiten um das in Zukunft zu vermeiden:

1. Du wechselst den Beruf

2. Du nimmst deinen Verkäuferberuf ernst

Nun verabschieden wir uns von jener Person, welche den 1. Ratschlag annimmt, er wird dieses Buch nicht mehr benötigen. Verbleibe in deinem gemütlichen Elend.

Denjenigen welche den 2. Ratschlag annehmen gratuliere ich aus ganzem Herzen zu der Entscheidung, den selbstgewählten Beruf endlich ernst zu nehmen. Du wirst sehen, deine Entscheidung ist die richtige. Du hast damit auch schon einen wichtigen Schritt für deinen Erfolg getan; du hast Selbst eine Entscheidung getroffen.

Was ist zu tun, um eine Entscheidung treffen zu können?

Vor einer Entscheidung steht immer eine Frage, danach suchst du nach möglichen Antworten. Viele Menschen versuchen eine Antwort mit einer weiteren Frage zu geben, wie z.B.: „Was könnte sein, wenn ....?“

Das ist falsch.

Wenn sich eine Frage über deine Person ergibt, suche nach Antworten die sich aus folgendem ergeben: „Will ich, oder will ich nicht?“

Willst du zu den 20 % Verkäufern gehören, welche 80 % des Umsatzes bringen und dadurch ihr Einkommen wesentlich steigern?

„Ich will! (~~Ich will nicht~~!)“

Du kennst doch sicher das Sprichwort: „Der Wille kann Berge versetzen!“

Keine Angst, du sollst nicht schuften wie ein Bergarbeiter, aber du sollst erkennen, daß du nur dann etwas erreichen kannst, wenn du daran glaubst. Der Weg zum Erreichten kann genauso mühsam sein wie Berge zu versetzen. Dennoch, du schaffst es, weil du es willst.

Zurück zum Thema: Entscheidungen.

Nur du allein entscheidest was für dich richtig ist und was nicht. Doch überlege einmal ganz objektiv. Manche Entscheidungen, ich behaupte sogar, daß es sehr viele sind, werden unüberlegt getan.

Unüberlegt deshalb, weil sie auch durch Gefühle bestimmt oder beeinflußt werden. Diesen Umstand machen sich mitunter zum

Beispiel die Werbefirmen als auch die Supermärkte, um nur wenige zu nennen, zum Nutzen. Oder, wie oft warst du schon als Hungriger einkaufen? Kam es dabei vor, daß du wesentlich mehr im Einkaufskorb hattest, als du einkaufen wolltest?

Versuche deshalb in Zukunft deine Entscheidungen rationell zu treffen. Nur, wie geht das?

Dazu gibt es verschiedene Hilfsmittel. Ich selbst habe verschiedene probiert, doch eines scheint mir am geeignetsten.

Einer der bedeutendsten deutschen Staatsmänner der Nachkriegszeit, Konrad Adenauer, musste in einer schwierigen Zeit schnelle und tiefgreifende Entscheidungen treffen. Er hat deshalb die Vor- und Nachteile gegenseitig abgewogen.

Als Waage verwendete er ein einfaches Blatt Papier und Schreibzeug.

Das Papier trennte er durch eine senkrechte Linie, eine waagrechte Linie setzte er knapp unterhalb des oberen Randes. Dadurch entstand ein optisches Kreuz, oder auch vier Rechtecke.

In die oberen Kästchen schrieb er links ein Plus- und rechts ein Minuszeichen. Die unteren Kästchen verwendete er für die Argumente. Links schrieb er die positiven, und rechts die negativen Argumente.

Nachdem die wichtigsten Argumente notiert waren, konnte er feststellen, welche am gewichtigsten waren. Das war seine Entscheidungsbasis. Einfach aber gut.

Ich kann dir nur den Rat geben, versuche es. Du wirst feststellen, daß dadurch deine Entscheidungen wesentlich leichter fallen als bisher.

(+)	(-)

Dieses „Adenauerkreuz“ solltest du sofort aufzeichnen, du wirst es beim lesen dieses Buches anwenden können.

Noch besser ist, du machst gleich einen kleinen Test.

Nimm als Beispiel deine Arbeit.

Notiere die positiven Punkte des Verkäuferberufes.

- Freie Zeiteinteilung im Außendienst
- Keine langweilige Arbeit wie im Büro
- Täglich neue Kunden
- Abwechslungsreich vom Verkaufsinhalt
- Unbegrenzte Verdienstmöglichkeiten (Provisionsempfänger)
- Tägliche Erfolgserlebnisse

Danach notiere die negativen Punkte des Verkäuferberufes.

- Viel Unterwegs
- Erfolgsdruck

Es werden dir weniger negative Punkte einfallen, dafür umso mehr die positiven.

Sobald du alle Punkte notiert hast, sieh dir die negativen Punkte etwas genauer an. Einen nach dem anderen. Suche den positiven Gegenpunkt.

Zum Beispiel: - Viel Unterwegs.

Der Gegenpunkt ist die freie Zeiteinteilung im Außendienst.

Außendienst heißt nun einmal, daß man viel Unterwegs ist. Und viel Unterwegs ist welche Verkäuferart? Der *aktive* und der *aggressive* Verkäufer.

Nächstes Beispiel: - Erfolgsdruck.

Der Gegenpunkt ist das tägliche Erfolgserlebnis.

Du brauchst nur das positive deines Geschäftstages zu bemerken. Auch wenn du an diesem Tag kein Geschäft gemacht hast. Den sogenannten Erfolgsdruck machst du dir selbst. Vom Unternehmen kann es maximal eine Erfolgserwartung geben. Und das ist ihr gutes Recht. Welche Erwartung hättest du als Chef?

Auch wenn es dir gelingen sollte, zu jedem positiven Punkt einen negativen zu finden, bei einem positiven gibt es keinen Gegenpunkt: die unbegrenzte Verdienstmöglichkeit.

Gehe einmal die Liste der reichsten Personen durch. Die meisten sind nur durch den Handel reich geworden. Ganz egal ob es das Erdöl betrifft oder Computersysteme oder Geldanlagen oder....., oder....., oder.....!

Es gibt mehr Verkäufer als Akademiker mit einem Einkommen in Millionenhöhe. Daran solltest du denken. Du siehst, zum Geldverdienen braucht man kein jahrelanges Studium, das kann fast jeder. Auch du!

Selbstverständlich sind dafür einige wenige Grundvoraussetzungen notwendig. Manche davon hast du, sonst hätte dich keine Firma als Verkäufer eingestellt.

Selbständig

„Wir suchen Mitarbeiter die selbständig arbeiten können."

So oder ähnlich lesen sich viele Insertionen in den Tageszeitungen. Einige Personen melden sich bei der Firma, welches ein Inserat aufgegeben hat, vereinbaren einen Gesprächstermin.

Zu diesem Vorstellgespräch putzt sich der Bewerber so richtig heraus.

Frisch geduscht, die Haare gewaschen, die Fingernägel gereinigt und mit dem besten Anzug erscheint er / sie pünktlich zu diesem Gespräch. Selbstverständlich ist man mehr oder weniger aufgeregt. Dies ist ganz normal, denn keiner weiß was auf ihn zukommt.

Während des Gespräches versucht jeder sein Bestes zu geben. Schließlich möchte man doch die freie Stelle erhalten. Dabei wird über die bisherigen Erfolge, die persönliche Kreativität, die erhöhte Leistungsbereitschaft und die Liebe zum selbständigen Außendienst gesprochen.

Doch für viele hört die Selbständigkeit schon damit auf, daß sie den Weg zu dieser Firma selbständig gefunden haben.

Obwohl immer wieder betont wird selbständig arbeiten zu können, haben die meisten Menschen ihre Probleme damit. Das ist die nüchterne Wahrheit.

Erschreckend daran ist nur, daß viele betroffene, auch die Unternehmen selbst, diese Tatsache negieren. Die Firmenleitungen begeben sich immer wieder auf die Suche nach neuen, vermeintlich besseren Mitarbeitern, in der Hoffnung endlich den richtigen zu finden. In vielen Fällen hat das Unternehmen die falsche Person eingestellt, manchmal in Ermangelung der qualitativen Auswahlmöglichkeit.

Niemand ist fehlerfrei, doch kann man die meisten Fehler vermeiden. Dies ist wiederum nur mit einer intensiven Ausbildung der zuständigen Personen möglich.

Warum haben so viele Menschen Probleme mit der „Selbständigkeit“?

Unser Leben wird betont von Akzeptanz und Konsequenz. Zum einen muß ich akzeptieren daß es so ist. Zum anderen kann oder muß ich die Konsequenzen ziehen.

Gehen wir nicht an den Tatsachen vorbei. Tatsache ist, daß viele Personen ihre Probleme mit der Selbständigkeit haben.

Das muß ich akzeptieren.

Die Konsequenz daraus ist, ich versuche es zu ändern. Um es ändern zu können, muß ich die Ursache wissen.

Das selbständige Handeln ist ein Verhalten. Unser Verhalten wird vorwiegend von der Erziehung geprägt. Von Geburt an wird von den Eltern an unserer Selbständigkeit gearbeitet. Die Eltern bringen uns bei wie man ißt, sitzt, läuft. Doch kaum beherrschen wir die ersten zögernden Gehversuche, heißt es: „Bleib ruhig sitzen“

So bald wir etwas gelernt haben, wird es unterdrückt. Unsere Denkweise und das dementsprechende Verhalten rücken in das sogenannte Kästchendenken. Zum Beispiel: essen verboten, spielen verboten, laufen verboten, lachen verboten usw.

Oder: „Sei still! Bevor du etwas fragst, mußt du fragen ob du eine Frage stellen darfst!“

So oder ähnlich werden die Menschen in ihrer Denkweise und in ihrem Verhalten beeinträchtigt.

Die Schuld an unserer Unselbständigkeit tragen zum Teil unsere Eltern, welche wiederum von deren Eltern so erzogen wurden. Was machen wir? Wir geben das alles an unsere Kinder weiter. Zum großen Teil sogar unbewußt, weil es in uns so eingeprägt ist.

Einfach gesagt, wir werden in unserem Handlungsspielraum eingeengt. Immer und überall gibt es jemanden der uns sagt was wir zu tun oder zu unterlassen haben.

Unser Leben wird von Spielregeln bestimmt. Auf der anderen Seite muß man aber zugeben, daß Normen notwendig sind, um in der Gemeinschaft leben zu können. Diese Normen lassen uns einen sehr großen Spielraum um uns selbst zu entfalten.

Aber die Angst etwas falsch zu machen, oder für einen Austritt aus den Normen bestraft zu werden, ist bei den meisten Menschen überdimensional ausgeprägt. Aus diesem Grund stellen viele Menschen für sich selbst eigene Normen auf, welche weit unter den üblichen sind. Der Überschreitung der eigenen Normen wird nur dann zugebilligt, wenn jemand anderer die Verantwortung dafür übernimmt, wenn jemand anderer eine Aufgabe stellt die man auszuführen hat.

Eines muß dir nun klar werden, wenn du wirklich richtig selbständig werden willst, kannst du es nur wenn du das sogenannte Kästchendenken ablegst und deine Normen überdenkst.

Selbständig sein bedeutet auch, in hohem Maße Verantwortung zu übernehmen.

Bevor du Verantwortung für andere übernimmst, lerne zuerst die Verantwortung für dich Selbst zu tragen. Denn Verantwortung bedeutet nichts anderes als die persönlichen Normen des einzelnen auf die allgemeinen Normen zu erweitern.

Um selbständig arbeiten zu können mußt du also wissen, was du zu tun bereit bist.

Nun gibt es immer wieder die sogenannten Lippenbekenntnisse. Man steckt sich Ziele, doch wenn es dann soweit ist die ersten Schritte dafür zu tun, steckt man etwas zurück, oder gibt ganz auf und verschiebt es auf Morgen.

Merkst du nun was ich mit Verantwortung für die eigene Person gemeint habe?

Jede Tausend-Meilen-Reise beginnt mit dem ersten Schritt.

Doch die Angst, Blasen an den Füßen zu bekommen, hindern dich diese Reise anzutreten.

Geh doch einfach drauf los. Du kannst es doch. Und wenn wirklich Blasen an deinen Füßen auftreten, wirst du damit leben, solange bis sie wieder vergehen.

Wie stolz wirst du danach über die kleinen Probleme und Hindernisse berichten. Du erwartest, daß dich jeder bewundert, auf die Schulter klopft und betont wie stark du bist. Für das Nichtstun wirst du auch nicht bewundert werden. Und Anerkennung ist Balsam für unsere Seele.

Die Probleme der Unselbständigkeit liegen meist in unserer Psyche. Nun verlangt niemand von dir, ein Psychoanalytiker zu werden oder ähnliche Fähigkeiten zu zeigen. Zur Selbständigkeit gehört einfach nur ein ganz normaler Menschenverstand.

Die meisten Menschen haben im Berufsleben ein Vorbild.

Sieh dir dieses Vorbild genauer an, versuche herauszufinden, warum er dein Vorbild ist. Du wirst an diesem Menschen Fähigkeiten entdecken, welche du gerne hättest. Nun überlege einmal, was kann dich daran hindern, diese Fähigkeiten zu erlernen? Deinem Vorbild wurden seine Fähigkeiten auch nicht in die Wiege gelegt, auch er mußte sie sich erst aneignen.

Sicher gibt es verschiedene Tätigkeiten im Leben, welche dem einen leichter von der Hand gehen als dem anderen. Nun mache aber nicht den Fehler, dein Vorbild zu kopieren. Du wärst dann nämlich nur eine schlechte Kopie deines Vorbildes. Außerdem geht das wieder an dem Ziel vorbei selbständig zu werden.

Wenn du dein Vorbild betrachtest ist nur wichtig zu erkennen, in welchem Grenzbereich seine Normen liegen. Sobald du bereit bist, deine Normgrenzen zu erweitern, ist das schon der erste Schritt zur Selbständigkeit.

Auch wenn du gedanklich schon soweit bist deine Normen zu erweitern, folgt dennoch eine große Hürde. Der schwierigste Schritt des Menschen ist jener zwischen Planung und Durchführung.

Zur Durchführung gibt es ein einfaches Hilfsmittel. Nimm deinen Planungskalender oder notfalls ein ganz normales Blatt Papier.

Damit dein Ziel, die Selbständigkeit, erreichbar ist, notiere alles was du machen willst. Damit es dann aber auch funktioniert, solltest du einiges beachten.

- Nicht zu viel auf einmal.
- Setze Prioritäten.
- Mache es gezielt

Gehen wir die einzelnen Punkte etwas genauer durch.

Wenn ich meine, nicht zu viel auf einmal, sollst du dich nicht mit einem oder vielleicht zwei Punkten begnügen. Schreibe alles auf was dir einfällt. Aber du sollst dich keinesfalls stundenlang damit herumquälen ob es vielleicht noch etwas gibt.

Manchem wird sofort sehr viel einfallen, ein anderer überlegt und überlegt und überlegt, und er hat keine Idee was er notieren soll. Sein Zettel bleibt unendlich lange leer. Das kommt manchmal vor, und zwar deshalb, weil er nichts niederschreibt.

Du mußt deine Gedanken auf das Papier bringen, damit dein Kopf frei wird für andere Dinge. Schreibe nur alles auf was dir einfällt, sortieren kannst du es später.

Damit kommen wir schon zum nächsten Punkt.

Setze Prioritäten indem du ganz einfach überlegst, welche der notierten Punkte kommt deiner Art zu Arbeiten am nächsten. Oder anders ausgedrückt, was würde dir am leichtesten fallen.

Nun könnte man meinen, daß es vernünftig wäre das schwierigste Gebiet zuerst zu nehmen, damit alle folgenden Punkte leichter fallen. Doch ein Gewichtheber wird auch nicht mit 200 kg anfangen zu stemmen. Er wird ein Gewicht wählen, welches er mühelos in die Höhe bringt und er wird das Gewicht nach seinen Kräften steigern.

Die Steigerungsmöglichkeit ergibt sich wiederum nach seinem Trainingspensum. Trainiert er bloß einmal in der Woche, wird er das Gewicht nach einem Jahr noch nicht verdoppelt haben. Sollte er täglich einige Stunden in der Kraftkammer stehen und intensiv trainieren, dann wird er wahrscheinlich wöchentlich etwas an Gewicht zulegen können. Sportprofis trainieren täglich einige Stunden. Auch am Wochenende.

Niemand verlangt von dir, daß du auch am Wochenende arbeitest. Aber an deinen Arbeitstagen sollst und mußt du hart trainieren, wenn du erfolgreich werden willst.

Setzte also deine Prioritäten nach deinen persönlichen Vorstellungen, Möglichkeiten, Ideen und Willen. Nun aufgepaßt. Es hat wenig Sinn, wenn du alle Punkte einordnest.

Die Prioritäten sollen zwei oder drei Punkte umfassen. Du weißt sicherlich was du zu Beginn anpacken willst. Ab dem dritten oder vierten Punkt wird es schwierig.

Darum nimm dir zwei oder drei Schwerpunkte heraus und bezeichne sie entweder mit A, B, C oder 1,2,3. Wenn du das fertig hast, setze die Bezeichnung in der Reihenfolge fort, wie du sie notiert hast. Am wichtigsten sind die ersten, die weiteren ergeben sich in der Folge.

Nun beginnen wir **gezielt** deine Prioritäten anzuwenden.

Besorge dir einige kleine aber feste Karten. So viele als du Prioritäten notiert hast. Auf die einzelnen Karten schreibe nun die einzelnen Punkte auf. Vergiß nicht, auch diese zu bezeichnen oder zu numerieren.

Den Zettel mit allen Punkten verwahre in deiner Arbeitsmappe oder deinem Arbeitsplatz. Aber so, daß du ihn jederzeit zur Hand hast. Möglicherweise fallen dir im Laufe der Zeit weitere Punkte ein.

Der Sinn der einzelnen Karten ergibt sich aus der Tatsache, daß du verschiedene Dinge nicht gleichzeitig machen kannst. Du kannst nicht mit einer Hand Butter auf das Brot streichen und mit der anderen gleichzeitig Kaffee einschenken und womöglich auch noch das Milchkännchen und den Zuckerstreuer benutzen.

Ziele sind dazu da um sie zu erreichen.

Jede Woche arbeitest du äußerst konsequent mit Hilfe deiner Karten. Beginne mit der ersten Karte, plaziere sie an einer Stelle, wo du sie täglich öfters siehst. Entweder in der Hosentasche beim Autoschlüssel oder in der Sakkotasche beim Taschenrechner oder auch in der Arbeitsmappe oder Koffer.

Beachte mehrmals bei deiner Tätigkeit nur diesen einen Punkt. Verfolge dein Ziel. Du willst dich verbessern.

Dann tu es.

Es ist nicht wichtig wie du es tust, es ist wichtig **daß** du es tust.

Auch wenn es am Anfang etwas schwerfällt, wenn du sogar einige Fehler machst. Ganz egal. Aus Fehlern lernt der tüchtige und lernwillige. Wer niemals Fehler gemacht hat, hat niemals gearbeitet.

Sobald du mit allen Karten fertig bist, beginne mit der ersten Karte von neuem. Du wirst feststellen, daß beim zweiten Durchgang ein Punkt schon ganz von selbst funktioniert, aber dafür ein anderer schwerer erscheint.

Du darfst bei der Arbeit Fehler begehen, nur einen nicht. Mach niemals den Fehler zu glauben, du seiest schon perfekt und du weißt ohnehin schon alles. Auch wenn dir ein Punkt besonders leicht fällt, konzentriere dich darauf als sei es das erste mal. Dadurch wird das eine oder andere zur Perfektion. Das schaffst du aber nur mit ständigem Training. Denk an den Gewichtheber.

Wie schaut es nun aus mit deiner Selbständigkeit?

Wenn du dich entschlossen hast einiges was du bisher gelesen hast in die Tat umzusetzen, und du machst es wirklich, dann kannst du dir selbst gratulieren. Du hast einen großen Schritt zur Selbständigkeit getan. Du hast etwas getan, was dir niemand aufgetragen hat. Kein Vorgesetzter oder Kollege hat dich dazu veranlaßt. Nur du selbst.

Du hast dir nur einige Tips geben lassen. Das gehört auch dazu. Man kann sich Tips nur von anderen holen. Arbeiten mußt du ohnehin selbst. Das nimmt dir keiner ab.

Jetzt hast du dein Vorbild analysiert, deine eigenen Vorstellungen zu Ziele gemacht. Du hast die vielen kleinen Karten geschrieben und auch danach gerichtet. Du hast dein Verhalten im Verkauf verbessert und bessere Umsätze und Erträge produziert.

Ist das die Selbständigkeit?
Niemals.
Du hast einen wesentlichen Schritt dazu getan.

Du bist dabei, die Verantwortung für dich und dein handeln zu übernehmen. Sobald du deine eigenen Ideen zu deiner Tätigkeit einbringst, bist du für dein handeln selbst verantwortlich.

Jetzt sei einmal ganz ehrlich. Ist es nicht viel schöner seinen Tag selbst einzuteilen, als ständig von jemand zu hören, daß dies und das noch zu machen ist?

Gewinn

Welche primäre Aufgabe hat ein Unternehmen?

Es muß Gewinne erwirtschaften.

Ganz egal, was jede Firma erzeugt oder vertreibt. Es muß Gewinne erwirtschaften.

Dabei spielt es keine Rolle ob das Unternehmen Autos erzeugt oder Brot oder sonst irgendetwas.

Du bist darin integriert.

Jeder hat seine Aufgabe in der Wirtschaft.

Du arbeitest um Geld zu verdienen.

Du benötigst ein Einkommen, damit deine Existenz gesichert ist.

Jeder von uns hat einen gewissen Lebensstandard. Der gehört finanziert.

Du brauchst ein Haus oder eine Wohnung. Das kostet Geld.

Die Betriebskosten wie Miete, Strom, Gas, Telefon, Heizung und Instandhaltung kosten Geld.

Für den Kauf eines Autos benötigst du Geld. Auch für die dafür anfallenden Betriebskosten wie Versicherung, Treibstoff, Öl, Reifen, Parkplatz oder Garage benötigst du Geld.

Wie schaut es aus mit der Verpflegung? Ohne Nahrungsmittel kann kein Mensch überleben. Dafür benötigst du ebenfalls Geld. Genauso wie für Kleidung.

Du siehst, Geld ist das wichtigste Gut in unserem Leben. Ohne Geld gibt es keine Existenz.

Du gehst arbeiten um Geld zu verdienen. Du hast ein gewisses Einkommen. Dein Lebensstandard wird sich wahrscheinlich nach deinem Einkommen richten. Die Größe deiner Wohnung, die stärke deines Autos, die Art deiner Kleidung und auch der Speiseplan ist angepaßt an dein Einkommen.

Was dir dann von deinem Einkommen noch übrig bleibt, ist dein Gewinn.

Was passiert, wenn du mehr ausgibst als du verdienst? Wahrscheinlich gehst du in den Konkurs. Damit das nicht passiert, wirst du die Ausgaben dementsprechend kontrollieren.

Nun gut, du erwirtschaftest einen Gewinn. Was machst du damit? Dafür gibt es viele Möglichkeiten. Mancher wird seinen Lebensstandard verfeinern. Andere geben den Gewinn für Urlaubsreisen aus, oder sie sparen oder, oder, oder.......

Jeder investiert seinen Gewinn auf eine andere Art und Weise.

Vergleichen wir nun den privaten Gewinn mit dem Gewinn einer Firma.

Als Angestellter eines Unternehmens verspürst du eines Tages den Drang zur Selbständigkeit. Nachdem du deinen Beruf intensiv ausübst, hast du dir das nötige Fachwissen angeeignet. Mit deinen Fähigkeiten bist du durchaus in der Lage, selbständig zu arbeiten.

Du bereitest deinen Schritt zur Selbständigkeit sehr sorgfältig vor.

Die bürokratischen Hürden bereiten keine Schwierigkeiten, obwohl sie sehr langwierig sind und manchmal in unverständlicher Weise sogar unnötig. Das größere Problem erstellt sich aus der finanziellen Situation. Bisher hattest du regelmäßig für deine Tätigkeit am Ende des Monats dein Gehalt am Konto. Nun mußt du um arbeiten zu können erst einmal alles vorfinanzieren.

Sehen wir uns alles etwas genauer an.

Um wirklich selbständig zu sein benötigst du ein eigenes Betriebsgebäude. Von Branche zu Branche in unterschiedlichen Formen. Für die eine Branche genügt ein Schreibtisch zu Hause, für die andere benötigt man vielleicht eine Werkstätte. Dazu kommen noch Werkzeug, Arbeitshilfen und Material.

Das alles kostet Geld.

Entweder hast du die Gewinne aus der bisherigen Tätigkeit gespart, oder du finanzierst die Selbständigkeit komplett mit fremden Mitteln. Dafür hast du vielleicht einen Bankkredit aufgenommen oder deine Familie unterstützt dich. Auf jeden Fall wirst du das geborgte Geld wieder zurück zahlen müssen.

Du hast alles fertig für deine ersten Schritte als selbständiger Unternehmer.

Ein neuer Lebensabschnitt beginnt.

Mit vollster Begeisterung startest du durch. Du stürzt dich regelrecht in die Arbeit. Kein Wunder, du bist doch selbständiger Unternehmer. Du willst etwas erreichen. Ein Imperium soll entstehen.

Du bist intelligent genug um zu wissen, welche Ziele du verfolgst.

Im ersten Abschnitt deines selbständigen Unternehmertums trachtest du danach die größten Schulden abzubauen. Doch schon nach einiger Zeit häufen sich die Aufträge und dementsprechend auch der Umsatz.

Ein großer Umsatz allerdings bedeutet noch lange nicht, daß du auch große Gewinne erwirtschaftest. Denn damit du der Konkurrenz vorgezogen wirst, hast du deine Preise äußerst knapp kalkuliert und kannst deine Leistungen deshalb billiger anbieten. Auch wenn du billiger bist als deine Mitbewerber, heißt das noch lange nicht, daß du ausreichend Aufträge hast.

Du mußt zuerst deine Firma am Markt publik machen.

Das kostet Zeit.

Obendrein bekommst du am Anfang auch noch nicht die „großen" Aufträge. Deine Abnehmer werden erst einmal Probeaufträge ordern. Erst wenn sie von deiner Tätigkeit überzeugt sind, werden schön langsam die Aufträge mehr und mehr.

Durch deine gute Arbeit und dem richtigen Fleiß werden deine Umsatzziffern immer größer und größer. Bald kannst du die viele Arbeit nicht mehr alleine bewältigen.

Du stellst einen Mitarbeiter ein und bildest ihn nach deinen Grundsätzen aus.

Dein neuer Mitarbeiter ist genau so tüchtig wie du. Kein Wunder, denn so wie du es ihm gezeigt hast, führt er seine Arbeit aus.

Durch diese Verstärkung erhöht sich auch der Umsatz. Du bist sehr zufrieden. Du kannst auch mit gutem Recht stolz auf dich sein.

Am Wochenende, wenn du mehr Zeit dafür hast, machst du deine Buchhaltung. Bei dieser Gelegenheit rechnest du auch gleich den Umsatz der letzten Tage aus.

Du nimmst die Kalkulation zur Hand und dabei ergibt es sich, daß bei doppeltem Umsatz auch die doppelte Spanne bleibt. Das ist vollkommen richtig. Nur, Spanne ist nicht gleich Gewinn.

Du merkst bei deiner Rechnung, obwohl dein Unternehmen den doppelten Umsatz hat, bleibt letztendlich genausoviel übrig als vorher. Du hast zwar mehr Umsatz, aber du hast auch mehr Ausgaben. Deinem Mitarbeiter, der für dein Unternehmen tätig ist, mußt du ein Gehalt bezahlen.

Durch die knappe Kalkulation bleibt für dich nichts mehr übrig.

Dein Mitarbeiter arbeitet zwar sehr gut, er verdient sich sein Geld. Wenn wir es genau betrachten, verdient er sein Geld auf deine Kosten. Er verwirklicht deine Ideen, verwendet dein Werkzeug oder andere Arbeitshilfen. Er benützt deine Betriebsräumlichkeiten und dein Telefon und, und, und ......

Das finanzielle Risiko bist du ganz allein eingegangen. Du trägst die Verantwortung. Aber er verdient.

Damit auch du etwas an der Arbeit deines Mitarbeiters verdienst, wirst du dich wieder an deinen Schreibtisch setzen und die Preise neu kalkulieren. Deine Preise werden dadurch höher. Doch das spielt keine große Rolle. Du hast dich am freien Markt bereits etabliert. Dein Unternehmen hat in der Branche einen guten Namen. Gute Leistung darf auch gutes Geld kosten.

Dadurch, daß deine Preise nun etwas höher ausfallen, wird automatisch auch der Verdienst durch deine persönliche Leistung dementsprechend mehr.

Dies ist der Zeitpunkt, ab dem dein Unternehmen richtige Gewinne einbringt.

Gewinne sind wichtig. Du brauchst sie.

Ein Unternehmen benötigt Gewinne aus guten Gründen.

Erst einmal um Rücklagen bilden zu können. Diese werden dringend benötigt für die Expansion. Auch für das Personal. Ein Unternehmer mit Mitarbeitern muß einkalkulieren, daß ein Mitarbeiter im Urlaub ist oder auch manchmal krank wird. In dieser Zeit laufen die Betriebskosten und auch die Lohnfortzahlungen weiter, aber es ist ein unproduktiver Zeitraum.

Rücklagen brauchst du auch für die Abfertigungen der Mitarbeiter bei Pensionsantritt und, und, und...

Nun könnten wir die Liste der Rücklagengründe endlos lange fortsetzen. Belassen wir es bei diesen wenigen Beispielen. Für dich soll es eine Gedankengrundlage sein, wofür Gewinne wichtig sind. Nicht nur damit dein Chef reich wird. Das zwar auch. Schließlich ist „er“ das Risiko einer Firmengründung eingegangen.

Reich kann nur ein selbständiger Unternehmer werden. Mit einigen Ausnahmen. Ein Verkäufer, ein guter Verkäufer kann sich genau so Reichtum bilden. Voraussetzung dafür ist das selbständige Denken.

Mache niemals den Fehler, ausschließlich auf deine Brieftasche zu achten.

Wenn du dazu beiträgst, daß das Unternehmen für welches du arbeitest auch ordentlich Gewinne erzielt, bist auch du auf dem besten Weg um Gewinne zu erzielen. Die Voraussetzung dafür ist eine gehörige Portion von Selbständigkeit.

Denk daran, auch dein Gehalt ist davon abhängig, daß das Unternehmen Gewinne macht.

Dein Arbeitsplatz ist nur dann gesichert, wenn Gewinne vorhanden sind.

Jetzt könnte man meinen, daß Gewinne gar nicht so wichtig sind. Denn Löhne und Gehälter werden sowieso in den Preisen einkalkuliert.

Das stimmt nur zum Teil. Mach doch einmal einen Blick in eine Wirtschaftszeitung. Du wirst manchmal darin lesen können, welche Schwierigkeiten und Probleme einzelne Betriebe oder sogar ganze Wirtschaftsbereiche haben.

Wie oft mußte der eine oder andere Kleinbetrieb Konkurs oder zumindest Ausgleich anmelden. In den meisten Fällen nicht aus eigener Schuld, sondern weil große Unternehmen wirtschaftliche Schwierigkeiten bekommen haben. Sobald ein Unternehmen seinen Geschäftspartnern die offenen Rechnungen nicht mehr bezahlen kann, hat das meistens Folgewirkung auf die anderen Betriebe.

Wenn so ein betroffener Betrieb nicht ausreichend Rücklagen gebildet hat, Rücklagen aus Gewinne, muß er seinen Betrieb genauso schließen wie der direkt betroffene.

Du siehst also, wie äußerst wichtig Gewinne für ein Unternehmen sind.

Trage dazu bei, in deinem eigenen Interesse.

Wann geht es deiner Familie gut? - Wenn es dir gut geht!

Wann geht es dir gut? - Wenn die Finanzen stimmen!

Wann stimmen die Finanzen? - Wenn deine finanzielle Situation gut ist!

Wann ist deine finanzielle Situation gut? - Wenn du regelmäßig Geld bekommst!

Wann bekommst du regelmäßig Geld? - Wenn du arbeitest!

Wann kannst du arbeiten? - Wenn du eine Anstellung findest!

Wann bekommst du eine Anstellung? - Wenn ein Unternehmen dein Gehalt bezahlen kann!

Wann kann es dein Gehalt bezahlen? - Wenn es Gewinne macht!

Wann macht es Gewinne? - Wenn du dazu beiträgst!

Planung

Stell dir vor, du mußt zu einem bestimmten Ort, du hast einen Treffpunkt vereinbart.

Den Weg dorthin kennst du leider nicht.

Du setzt dich ins Auto und fährst los. Zuversichtlich wie du bist, denkst du, den Weg schon irgendwie zu finden.

Du fährst und fährst und fährst. Irgendwann geht die Sonne unter, es wird dunkel. Der Tankinhalt neigt sich dem Ende zu. Du wirst müde. Jetzt stehst du irgendwo. Du weißt gar nicht wo du bist. Ein Bett wäre jetzt schön. Du brauchst Ruhe, möchtest schlafen. Kein Hotel in der nähe, nicht mal ein Haus in dem du um Unterschlupf bitten könntest.

Je länger du überlegst, was du tun könntest, umso mehr überkommt dich die Angst. In deiner Panik verläßt du das Auto und läufst verzweifelt durch die Gegend.

Nach Stunden triffst du endlich einen Menschen. Dem erzählst du deine Geschichte. Daraufhin erklärt er dir mit einem Lächeln im Gesicht, daß du in die falsche Richtung unterwegs warst. Er bringt dich zur nächsten Tankstelle, borgt dir etwas Geld damit du einen Kanister mit Benzin kaufen kannst.

Diese Geschichte ist unglaubwürdig und lächerlich.

Kein Mensch würde sich ins Auto setzen und planlos durch die Gegend fahren. Denn wenn du den Weg nicht kennst, wirst du sicherlich in einem Plan nachsehen, wichtige oder markante Teilstücke markieren und den Weg so lange studieren, bis du ganz sicher bist, den richtigen Weg zu finden.

Sobald du unterwegs bist, wirst du zwischendurch kontrollieren, ob du auf dem richtigen Weg bist. Aller Wahrscheinlichkeit nach wirst du auch eine Zeitkontrolle durchführen. Du vergleichst den zurückgelegten Weg mit der dafür benötigten Zeit und errechnest deine voraussichtliche Ankunftszeit.

Bist du im Zeitplan, wirst du den Weg mit der bisherigen Geschwindigkeit fortsetzen. Wenn du ganz vorsichtig bist, erhöhst du die Geschwindigkeit etwas. Man weiß doch nie, was noch alles passieren kann. Schließlich kannst du irgendwo durch irgendwas aufgehalten werden.

Bist du im Zeitplan etwas zurück, wirst du sicherlich die Geschwindigkeit erhöhen. Du möchtest doch zeitgerecht am Ankunftsort sein. Nur, eine erhöhte Geschwindigkeit bedeutet auch ein höheres Risiko. Vielfach ist eine höhere Geschwindigkeit auch gar nicht möglich. Umstände, welche du nicht beeinflussen kannst hindern dich daran. Eine Land- oder Bergstraße lässt keine so hohe Geschwindigkeit zu wie eine Autobahn. Doch eine Autobahn ist natürlich auch keine Garantie für schnelles Weiterkommen. Wie oft gibt es Baustellen oder Staus nach Unfällen oder Verkehrsüberlastungen.

Wenn du im Verkehrsgeschehen noch unerfahren bist, wirst du anfänglich entweder zu spät am Ziel ankommen, oder du fährst auf Grund deiner Unerfahrenheit viel zu früh los, um nur ja rechtzeitig am Zielort zu sein. Du bist zwar rechtzeitig dort, aber um Stunden zu früh. Jetzt sitzt du am Zielort sinnlos herum. Deine kostbare Zeit wird dadurch vergeudet.
Nein.

Es ist doch besser, viel zu früh am Ziel zu sein, auch wenn du die Zeit danach nur zum Ausruhen verwendest, als zu spät am Ziel zu sein.

Wie schon gesagt, du bist anfänglich im Verkehrsgeschehen noch unerfahren. Du kannst nur durch die Praxis lernen. Nach einigen Fahrten wirst du durch deine Erfahrungen mit deiner Zeit besser umgehen können.

Etwas zu früh ist immer besser als etwas zu spät.

Viel zu früh ist genau so schlecht als viel zu spät. Denn dann stimmt nichts mit deiner Planung.

Nun haben wir uns die Planung beziehungsweise die Nichtplanung an Hand eines Beispiels angesehen. Vielleicht bist du der Meinung, daß dieses Beispiel lächerlich ist.
Es ist doch ganz normal, daß man für Reisen eine Zeitplanung erstellt. Und wenn dir ein Fehler unterläuft, dann bloß nur einmal. Du bist doch intelligent genug, einen Fehler kein zweites mal zu machen.

Na gut, alles klar. Niemand wird dir widersprechen.

Schauen wir uns einmal die Planung im Berufsleben an.

Wie schaut zum Beispiel deine Wochenplanung aus?

Nach welchen Kriterien erstellst du deine Termine?

Am Montagvormittag ist ja alles klar. Da hat dein Chef eine Dienstbesprechung angesagt. Dein Chef hat dir auch mitgeteilt, daß diese Dienstbesprechung bis Mittags dauern wird.

Aber nachdem diese Besprechungen manchmal eine halbe Stunde länger dauern als geplant, hältst du dir den frühen Nachmittag frei. Schließlich kann man ja nicht konkret planen, wenn die Zeitangaben des Chefs so unzuverlässig sind. Und nachdem du nichts konkret planen kannst, wirst du schon irgendetwas tun. Vielleicht einige Telefonate führen oder so.

Für Dienstag hast du Vormittag einen Termin mit einem Kunden vereinbart. Du weißt aber nicht wie lange dieser Termin dauern wird. In die Zukunft sehen kann doch schließlich niemand.

Selbstverständlich bist du an jedem deiner Kunden interessiert. Es ist auch unhöflich, mitten in einem Gespräch den Kunden zu verlassen, nur weil ein anderer Kunde schon auf dich wartet. Deshalb hast du den nächsten Termin erst für den Nachmittag vereinbart. Aber nur einen. Du darfst doch nicht zu müde nach Hause kommen. Für deine Familie oder Freunde benötigst du doch auch noch Kraft.

Mittwoch ist schon so ein komischer Tag. Du möchtest unbedingt zum Friseur gehen.

Morgens bist du im Büro, erledigst schnell einige Dinge. Aber nur die notwendigsten. Morgen ist ja auch noch ein Tag. Unnötiger Weise wirst du auch noch von einem Kunden aufgehalten, welcher dich am Telefon verlangt.

Endlich kannst du das Büro verlassen. Doch nun beginnt erst der richtige Streß. Du hetzt zum Friseur. Wie lange wird es wohl diesmal dauern, bis du an die Reihe kommst? Sicher ist schon wieder so ein komischer Kerl vor dir dran, und du mußt mindestens fünf, wenn nicht sogar zehn Minuten warten.

Das muß man hinnehmen. Du hast wenigstens Zeit um die Zeitung zu lesen. Doch gerade im interessantesten Artikel wirst du vom Friseur gestört, der dich in den Friseurstuhl bittet. Nach einigen Minuten ist der Friseur mit deinem Haarschnitt fertig. Als du auf die Uhr blickst, merkst du, daß am Vormittag noch viel Zeit übrig bleibt.

Du beschließt, die Zeit sinnvoll für die Bildung und das Wissen zu nutzen. Du besorgst dir eine Zeitung. Den interessanten Artikel, bei dem du vom Friseur unterbrochen wurdest, mußt du unbedingt noch lesen. Selbstverständlich im Gasthaus, bei einer Tasse Kaffee. Jetzt brauchst du unbedingt Ruhe, der Vormittag war zu anstrengend.

An die notwendige Kaffeepause schließt du gleich die Mittagspause an. Nur keine Zeit unnötig vergeuden.

Während du auf das Essen wartest, beschließt du, nach der Mittagspause hart zu arbeiten. Deine Firma erwartet sich von dir eine Leistung als Gegenwert für dein Gehalt.
In Gedanken teilst du dir den Nachmittag richtig wie ein Profi ein.

Als Abschluß nach dem Essen bestellst du noch eine Tasse Kaffee. Richtig satt bist du. Ein Mittagsschläfchen wäre jetzt fein. Vielleicht in einem Liegestuhl im Garten. Aber die Arbeit ruft.

Bei den diversen Schulungen und Seminaren hast du gelernt, daß man sich mit seinen Kunden identifizieren soll. Das willst du jetzt machen. Du denkst an deinen nächsten Kunden welchen du anschließend aufsuchen willst. Du hast zwar keinen Termin vereinbart, denn du wußtest doch nicht wie lange du beim Friseur aufgehalten wirst. Macht nichts, der Kunde wird schon da sein. Und dankbar wird er sein, daß du deine wertvolle Zeit für ihn opferst.

Aber jetzt erst einmal konzentrieren. Auf den Kunden einstellen. Was wird er jetzt gerade tun? Sicherlich hat auch er zu Mittag gegessen. Sein Bauch ist voll, und dadurch wahrscheinlich etwas träge und müde. Genau so wie du. Du kannst dich in den Kunden so richtig hineinfühlen.

Schreckliche Gedanken kommen in dir hoch. Der Kunde hängt doch bloß herum mit seinen halb vor Müdigkeit geschlossenen Augen. Der hört doch gar nicht richtig zu. Schade um die wertvolle Zeit die du mit ihm verbringst.

Das ist ärgerlich. Du bist gereizt. Obendrein jucken auch noch die geschnittenen Haare in deinem Kragen. So soll man arbeiten? Das kann man doch keinem Menschen zumuten.

Während du so dasitzt und über dein Elend nachdenkst, vergeht die Zeit. Du triffst eine Entscheidung. Du verschiebst deine Pläne auf morgen.

Großartig.

Am Donnerstag merken natürlich alle Kollegen in deiner Firma, daß du beim Friseur warst. Dramatisch erzählst du von deinem heroischen Kampf mit den juckenden Haarresten im Hemdkragen. Natürlich. Wovon kannst du sonst noch erzählen?

Bald ist das Thema erschöpft. Du beginnst zu arbeiten.

Einen Blick in den Terminkalender. Die Notizen springen dir sofort ins Auge. Es sind sehr viele. Zwei oder drei. Viel zu tun heute.

Für den einen Kunden sollst du etwas vorbereiten, einen anderen anrufen. Der dritte wollte dir Donnerstag oder Freitag Bescheid geben ob er kauft. Den solltest du auch anrufen und fragen. Ob er heute schon weiß ob er kauft? Was könnte er dir sagen?

Wenn du ihn schon heute anrufst und er weiß es noch nicht, könnte er vielleicht böse sein, weil du ihn störst. Wenn er auf dich böse ist, kauft er wahrscheinlich nichts. Und wenn er kaufen möchte? Ach was, dann hätte er bestimmt schon selbst angerufen. Also verschiebst du das Telefongespräch auf Freitag. Der Kunde soll doch merken, daß du so viel zu tun hast.

Erst einmal bereitest du die Unterlagen für den einen Kunden vor. Anschließend rufst du den zweiten Kunden vereinbarungsgemäß an. Er bittet dich zu ihm. Na also, du hast doch gewußt, daß du heute viel zu tun hast.

Der Freitag beginnt. Du bist schon ganz nervös. Einkaufen für das Wochenende sollst du. Am besten vormittags. Ab mittags dauert es immer so lange bei den Kassen. Da sind alle einkaufen, die am Freitag Frühschluß haben. Am Samstag ist es sowieso sinnlos. Da drängen sich die Menschenmassen. Das ganze Wochenende wird dadurch ruiniert.

Also nimmst du deine ganze Kraft zusammen, beschließt, den einen Kunden noch anzurufen und zu fragen, ob er endlich kaufen will.

Zweifel überkommen dich, ob es richtig war, den Anruf auf heute zu verschieben. Was sagst du bloß, wenn er dich fragt, warum du nicht schon gestern angerufen hast? Ach ja, du hattest doch so viel zu tun. Dein Chef jagt dich von einem Kunden zum anderen. Die

Nachfrage ist eben so riesig. Alle reißen sich um dein Produkt. Das wird den Kunden schon überzeugen.

Zum Glück bist du so gut in der Argumentation.

Eine gute Argumentation wirst du auch benötigen. Am Montag. Dein Chef will bei der Dienstbesprechung einen Tätigkeitsbericht. Deine Verkaufsergebnisse kennt er ja schon. Er sieht doch, wieviele Anträge oder Bestellungen du in der vergangenen Woche abgegeben hast.

Deine gute Argumentation hilft dir. Aber nur kurze Zeit. Dann mußt du zu Hause deiner Familie gegenüber argumentieren, warum du deinen Job verloren hast. Aber da wird dir schon etwas einfallen. Obendrein ist es für dich unerträglich mit einem Chef zu arbeiten, der kein menschliches Einfühlungsvermögen hat. Und die bösen Kollegen erst. Nur um dir zu schaden, haben sie wesentlich mehr verkauft als du. Woher die bloß die Zeit dafür nehmen?

Ich weiß, dieser Wochenbericht war etwas übertrieben. Aber gibt es nicht viele (sogar sehr viele) Verkäufer, bei denen sich die Woche ähnlich abspielt? Ich bezeichne das bewußt mit *abspielen,* denn mit Arbeit hat das sehr wenig Gemeinsam.

Viele können mit der Zeit nicht richtig umgehen.

Wem ist es nicht schon passiert, daß er eine Person anruft um seinen Besuch anzukündigen. Diese aber betont, keine Zeit zu haben, weil sie zum Beispiel zum Arzt muß. Ich nehme absichtlich den Arztbesuch als Beispiel, weil dieser mitunter wirklich länger dauern kann. Doch auch hier weiß der Betroffene den Beginn der Ordinationszeiten, und mitunter auch in etwa die dafür benötigte Zeit.

Aber man ist den ganzen Tag ausgebucht wegen einer Stunde Arztbesuch.

Noch dramatischer wirkt sich die Fußpflege oder der Friseurbesuch aus. Denn hier hat man meist einen Fixtermin. Eine Fußpflege dauert nicht länger als 30 Minuten bis maximal eine Stunde inklusive eventueller und unvorhergesehener Wartezeit.

Wie lange dauert ein Besuch beim Friseur? Jeder weiß das. Obwohl das jeder aus unzähliger Erfahrung weiß, wird automatisch der ganze Tag damit blockiert. Das alles nur, weil viele Menschen nicht gelernt haben, die Zeit richtig zu planen.

Du kannst dein Leben ruhiger und ohne Hektik gestalten, wenn du deine Zeit richtig planst. Aber wirklich richtig.

Wie plane ich meine Zeit?

Die meisten Verkäufer verwenden einen Kalender. Entweder mit Tageblätter oder mit Wochenblätter. Manche Verkäufer, z.B. Fahrverkäufer, haben einen Routenplan der meist fix vorgegeben ist.

Ein Kalender oder Planer ist eine gute Sache. Vorausgesetzt du wendest ihn sinnvoll an.

Ein Planer dient dazu, wie sein Name schon sagt, zum planen.

Doch wie oft passiert es, daß schon geplante Termine oder Tätigkeiten noch im Planungsstadium verändert werden, manchmal auch werden müssen?

Damit dein Planer nicht unüberblickbar wird, kannst du die Notizen mit einem Bleistift notieren. Dadurch sind Veränderungen leichter durchzuführen als mit einem Kugelschreiber oder Tintenschreiber gemachte Eintragungen.

Noch sinnvoller ist es, die Planung auf einem separaten Papier in Form einer Wochenplanung vorzuschreiben.

Erst nachdem die Wochenplanung fertig ist, überträgst du die Daten in deinen Kalender.

Von Vorteil wäre ein Wochenkalender welcher meist auf den Schreibtischen steht. Doch nicht jeder Verkäufer hat einen eigenen Schreibtisch zur Verfügung. Und einen Standkalender in der Tasche mitzuführen ist in vielen Fällen unangenehm, da er doch einigen Platz beansprucht, welcher anderweitig benötigt wird. Sollte doch ein eigener Schreibtisch vorhanden sein, ist es dennoch für viele Personen mit einem unangenehmen Gefühl verbunden zu wissen, daß fremde Personen zugriff zu persönlichen Daten und Termine haben. Also bleibt für die Planung nichts anderes übrig, als ein Blatt Papier zu verwenden.

Mancher stellt sich die Frage, ob es überhaupt sinnvoll ist, erst alles auf ein Blatt Papier zu schreiben, wenn man letztendlich doch wieder alles in den Kalender eintragen muß. Es ist doch Zeit sparender, wenn man die Termine sofort in den Kalender schreibt.

Das ist oberflächlich betrachtet zwar richtig, doch sollst du das Blatt Papier für die *Arbeitsplanung* verwenden, und die Eintragungen in den Kalender als *Arbeitsauftrag*.

Nun gestalte erst einmal einen Wochenplaner nach deinen Ideen, Vorstellungen und Bedarf.

Ein Vertreter eines Großhandelsunternehmens hat einen anderen Zeitbedarf als zum Beispiel ein Versicherungsvertreter welcher hauptsächlich Privatkunden besucht. Im Klartext schaut das so aus, daß ein Großhandelsvertreter seine Kunden vorwiegend am Vormittag besucht. Während ein Versicherungsvertreter seine Privatkunden hauptsächlich am Abend antreffen wird. So richtet sich der Platzbedarf der jeweiligen Stunden nach deiner vorwiegenden Arbeitszeit.

Beginnen wir zuerst mit dem Titel. Du gestaltest einen Wochenplan.

Dieser Wochenplan soll dir zum Erfolg verhelfen.

Vergiß auch nicht einen Platz zu schaffen für deinen Namen. Solltest du einmal den Wochenplan irgendwo liegen lassen, kann jeder sofort erkennen, daß dieser Plan dir gehört, und wird ihn dir zukommen lassen.

Erfolg durch Planung   Wochenplanung von________

Der nächste Schritt ist die Wochenkennung. Du mußt auf einen Blick erkennen können, welche Kalenderwoche und auch welches Datum dieser Plan betrifft.

Des Weiteren ist es immer von Vorteil zu Wissen, was du zu notieren hast.

Zum Beispiel die genaue Uhrzeit, Name, Adresse und Telefonnummer des Kunden. Schreibe diese Kriterien stets auf deinen Wochenplan.

Mache niemals den Fehler zu denken, das eine oder andere wäre sowieso logisch. Es wird erst dann zur Logik, wenn einzelne Tätigkeiten automatisiert sind.

Als nächstes zeichne Kästchen für die einzelnen Wochentage. Laß genug Platz für das tägliche Datum. Anschließend zeichne Felder für die Tages- bzw. die Stundeneinteilung. Dabei genügt es, sich eine 2 - Stundeneinteilung zu machen.

Sehr gut. Jetzt hast du eine gründliche Unterlage für deine Arbeitsvorbereitung.

Eines haben wir bisher vergessen. Diese Unterlage dient zur Planung. Doch du weißt nicht, was du planen sollst. Termine willst du vereinbaren.

Aber wieviele?

Ist doch alles ganz klar. Du vereinbarst so viele Termine wie du nur bekommen kannst.

Ist das eine Planung?

Denk an das Beispiel mit dem Auto.

Wenn du nicht weißt, wo du hingehst, wirst du dort enden wohin du gehst. Dann wirst du auch niemals wissen, wo du bist.

Wenn du planen willst, mußt du auch wissen was du planen sollst.

Darum ist es äußerst wichtig einige Felder vorzubereiten, in denen du dein Planungsziel notieren kannst. Dein erstes Planungsziel sind Termine. In Ordnung.

Wozu vereinbarst du Termine? Natürlich dafür, um Geschäfte zu machen. Du willst einen Abschluß beim Kunden tätigen. Doch nicht nur irgendeinen Abschluß, sondern wenn möglich einen mit hohem Ertragswert.

Nicht von den einzelnen Abschlüssen oder Bestellschein, sondern vom Umsatz kommt der Ertrag. Dementsprechend brauchst du auch ein Umsatzziel. Wahrscheinlich wird dir das Umsatzziel schon vom Unternehmen vorgegeben. Doch was hindert dich daran, ein eigenes, ein persönliches Umsatzziel zu vereinbaren. Zu vereinbaren mit dir ganz allein.

Sei doch ehrlich, welchen Spaß macht etwas wozu du gezwungen wirst?

Erhöht nicht das was du freiwillig tust deine Leistungsbereitschaft?

Also, laß dich nicht lange bitten. Setze dir selber ein Ziel. Es muß auch nicht um vieles höher sein als jenes Ziel, welches vom Unternehmen vorgegeben wird. Aber dennoch, ein eigenes Ziel. Du wirst überrascht sein, wie rasch dein persönliches Ziel erreicht sein wird. Auf jeden Fall schneller als ein vom Chef bestimmtes Ziel.

Welche Ziele benötigst du?

Wie schon bekannt ist, zählt nicht nur der Umsatz oder die Anzahl der Geschäfte allein, sondern alles gemeinsam.

Deshalb sollen deine Wochenziele verschiedene Kriterien umfassen. Angefangen von der Terminanzahl. Das nächste Ziel sollte der Umsatz sein. Gefolgt von der Anzahl der Geschäfte. In vielen Branchen ist es auch notwendig Empfehlungen einzuholen. Empfehlungen für weitere Kundschaft. Eine Weiterempfehlung ist die beste und billigste Werbung. Darauf werden wir später noch genauer eingehen. Zuerst erstellen wir deinen Wochenplan fertig.

Die beste und genaueste Zielvorgabe nützt dir allerdings absolut nichts ohne Kontrolle.
Genau so wie du nach einer Reise die Zeit kontrollierst, ob du richtig geplant hast, genau so mußt du die Zielvorgaben kontrollieren.

Teile für deine Ziele und auch für die Kontrolle etwas Platz ein. Am besten am untersten Rand deines Wochenplans. Verwende eine Zeile für die Ziele. Darunter eine Zeile für die Kontrolle. Dadurch wird dein persönlicher Wochenplan auch zum persönlichen Kontrollinstrument.

Nun, wie schaut er aus, dein Wochenplan?

Jetzt brauchst du ihn nur noch sinnvoll einzusetzen.

Erfolg durch Planung

WOCHENPLANUNG VON:	

Woche: vom: bis:	Terminvereinbarung: Uhrzeit, Name, Adresse, Tel.Nr.				
	8 - 10 Uhr	10 - 12 Uhr	12 - 14 Uhr	14 - 16 Uhr	16 - 18 Uhr
Montag					
Dienstag					
Mittwoch					
Donnerstag					
Freitag					
Samstag					

Mein Ziel:	..... Termine	..... Abschlüsse	.... Umsatz	..... Empfehlungen	

Ergebnis:	..... Termine	..... Abschlüsse	.... Umsatz	..... Empfehlungen	
	Ich habe mein Ziel (nicht) erreicht !		Maßnahmen für nächste Woche:		

Akquisition

Nehmen wir an, du hast dich selbständig gemacht. Du bist ab heute ein selbständiger Unternehmer in einer Branche welche einen aktiven oder sogar einen aggressiven Verkäufer voraussetzt.

Was benötigt man alles als selbständiger Unternehmer?

Abgesehen von der inneren Einstellung und allen anderen persönlichen Voraussetzungen brauchst du noch die materiellen Voraussetzungen.

Die Erfordernisse dafür sind selbstverständlich von Branche zu Branche unterschiedlich.

Gehen wir sie in groben Zügen einfach durch.

Erst einmal brauchst du Betriebsräumlichkeiten. Wir wollen hierbei nicht auf eine spezifische Branche eingehen. Es ist ganz klar, daß ein Schlosser oder ein Kfz-Mechaniker eine Werkstätte benötigt um seinen Beruf ausüben zu können. Ein Versicherungsberater hingegen kommt mit einem Schreibtisch in seiner Wohnung ohne weiteres aus. Für eine Boutique wirst du ein Geschäftslokal in guter Lage suchen. Ein Großhändler benötigt ein Lager und ein Immobilienvermittler ein Büro.

Betriebsräumlichkeiten, ganz egal in welcher Form, sind notwendig.

Des Weiteren wirst du ein Telefon installieren lassen. Dann brauchst du noch Strom, eventuell Gas, eine Heizung für die kalten Tage. Die Einrichtung und Ausstattung wollen wir auch nicht vergessen.

Solche Betriebsräumlichkeiten kosten viel Geld, manchmal sogar sehr viel. Nachdem alles so halbwegs fertig ist, läßt du noch die Waren liefern. Zu Beginn deiner selbständigen Karriere bestellst du nur einen Grundbedarf oder eine Musterkollektion. Das ist ganz normal und auch richtig. Denn du weißt nie, welche Produkte gefragt sind beim Kunden. Das wird sich erst im Laufe der Zeit herausstellen. Obendrein verlangen die Produzenten oder die Großhändler für die Erstlieferung meistens Barzahlung bei Lieferung. Erst die Folgelieferungen erfolgen mit Lieferschein und einem Zahlungsziel von einigen Wochen oder Monaten.

Nun hast du die Vorbereitungszeit hinter dir. Bisher hast du nur finanziert und nichts verdient. Und du möchtest verdienen. Sehr viel sogar. Deshalb hast du dich schließlich selbständig gemacht.

Voll Freude und Begeisterung eröffnest du dein Geschäft. Du bist stolzer Firmeninhaber.
Nun sitzt du in deinem Büro und wartest darauf, daß sich die ersten Kunden bei dir melden. Du wartest stundenlang darauf, daß das Telefon klingelt und ein Kunde eine Bestellung aufgibt.

Doch es rührt sich überhaupt nichts.

Dabei hast du doch alles so gut vorbereitet. Die Büroeröffnung hast du bei einigen eventuellen Kunden angekündigt. Du hast sogar Briefe und Prospekte verschickt. Doch der einzige Anruf kommt von deiner Mutter, welche dich zum Mittagessen einladen möchte.

Zweifel überkommen dich, ob es richtig war, sich selbständig zu machen.

Außer Spesen nichts gewesen?

Morgen ist ja auch noch ein Tag. Ganz sicher werden sich in den nächsten Tagen viele Kunden melden. In deiner letzten Firma wo du beschäftigt warst hat doch auch pausenlos das Telefon geläutet. Von früh am Morgen bis in den späten Nachmittag haben sich die Kunden gemeldet. Das muß doch bei dir auch möglich sein.

In den nächsten Tagen aber bleibt das Telefon genau so stumm wie am ersten Tag.

Irgendetwas stimmt nicht.

Dein Chef in der vorigen Firma war immer dein Vorbild. So erfolgreich wie er möchtest du auch sein. Ein großes Auto fahren, in den besten Lokalen speisen, immer gut gekleidet sein, die Brieftasche voll Geld, ein riesiges Haus bewohnen und mindestens dreimal im Jahr auf Urlaub fahren. Das kann sich doch nur ein selbständiger Unternehmer leisten. Und du bist selbständig. Du bist überzeugt, alles richtig gemacht zu haben. Warum klappt es bei dir nicht?

Viele die sich selbständig machen, übersehen ein Wort. *Selbständig.*

Sogar Außendienstmitarbeiter, welche sich selbständig die Arbeitszeit einteilen sollen, können mit diesem Begriff nicht richtig umgehen.

Du brauchst nur das Wort *SELBSTÄNDIG* genau anzusehen. Es befinden sich zwei Begriffe darin. Du brauchst es nur zu teilen.

Selb und ständig.

Das bedeutet, daß du selber ständig arbeiten mußt. Du allein bist für deinen Erfolg verantwortlich. Niemand sonst.

Deshalb erwarte niemals, daß sich die Kunden bei dir melden um etwas zu kaufen. So etwas geschieht nur im passiven Verkauf.

Du *selbst* mußt *ständig* den Weg zum Kunden suchen.

Wenn du den Weg zum Kunden suchen willst, muß dir vorher einiges klar sein. Zum einen ist es wichtig zu wissen, welche Produkte du anzubieten hast. Zum anderen mußt du wissen, welche Gruppe von Kunden für deine Produkte in Frage kommt.

Bei der Produktkenntnis kommt es nicht nur darauf an, das Produkt genauest beschreiben zu können. Viel mehr ist gefragt, wie es der Kunde anwenden kann. Sobald du darüber genaue Kenntnis hast, ergibt sich die Kundengruppe fast von allein.

Nun mußt du noch feststellen, welcher Weg zum jeweiligen Kunden der beste ist. Wege zum Kunden gibt es sehr viele. Doch den geeigneten zu finden ist manchmal sehr schwierig.

In vielen Fällen macht es sich der Verkäufer selbst schwerer als es ist. Deshalb, weil er es zu leicht nimmt.

Wie fast immer, liegt sehr viel an der richtigen Vorbereitung. Zur Vorbereitung gehört auch ein wenig Selbsteinschätzung.

Du mußt wissen, was du zu tun bereit bist. Doch nicht nur allein der Wille dafür ist ausschlaggebend, sondern auch das Können.

Wenn wir schon bei der Selbsteinschätzung sind, sollst du auch über deine persönlichen Fähigkeiten Bescheid wissen. Denn nur wenn du über deine persönlichen Fähigkeiten und auch über die Fähigkeiten welche du nicht so sehr beherrschst, Bescheid weißt, kannst du alles richtig ausnützen.

Wenn deine Fähigkeiten zu schreiben, nicht so sehr ausgeprägt sind, wirst du darauf verzichten, selbstgeschriebene Werbebriefe zu versenden. Es macht schließlich keinen guten Eindruck, wenn die Geschäftsbriefe mit Rechtschreibfehler bestückt sind.

Es ist keine Schande, einige Dinge nicht zu beherrschen. Es ist auch keine Schande etwas zu versuchen was du nicht beherrscht. Es wird aber sehr wohl zur Schande, wenn du anschließend darüber klagst, weil es nicht funktioniert.

Du hast dann zwei Möglichkeiten.

Die eine ist, es so lange zu versuchen, bis du es kannst. Vorausgesetzt, du hast die nötige Zeit dafür. Die zweite Möglichkeit ist, es jemand anderen machen zu lassen.

Wie schon erwähnt, machen es sich viele Verkäufer selber schwerer als es ist, weil sie es zu leicht nehmen. Sie nehmen es deshalb zu leicht, weil sie vermutlich Angst haben.

Die Angst vor der Reaktion des Kunden hält so viele Verkäufer davon ab das einfachste zu tun. Da werden unzählige Mailings, also Werbebriefe, versandt, mit dem Glauben, danach ein besseres Geschäft zu machen. Die einzigen die damit ein Geschäft machen sind die Werbefirmen, die Druckereien und die Post. Sicher gibt es viele Bereiche in denen ein Werbebriefversandt notwendig ist.

Viel öfters werden Briefe geschrieben um sich dahinter zu verstecken. Vergleich doch ganz einfach dein Verhalten auf Werbesendungen welche in deinem Briefkasten landen. Meist werden sie ohne weitere Beachtung zum Abfall gegeben.

Aber du machst so etwas bestimmt nicht. Du verschickst nur Briefe in denen steht, daß du nächste Woche den Kunden telefonisch kontaktierst, um einen Termin zu vereinbaren.

Jetzt stellt sich aber die Frage, warum du vorher schreibst, wenn du sowieso anrufen willst?

Statt zu schreiben, nimm doch gleich das Telefon zur Hand. Geh den direkten Weg.

Der direkte Weg ist fast immer der einfachere. Ruf sofort an. Gleich jetzt.

Du bist zwar mit Briefe schreiben beschäftigt, aber du machst kein Geschäft. Du verlierst dabei nur sehr wertvolle Zeit. Und Zeit ist Geld.

Geh auch im Telefongespräch den direkten Weg. Schritt für Schritt. Wenn du bei einem Kunden anrufst, bedenke immer was du willst. Aber Schritt für Schritt.

Was willst du? Einen Termin.

Also verkaufe am Telefon vorerst den Termin.

Selbstverständlich sollst du auch den Termingrund nennen. Denn Grundlos wird dich niemand kommen lassen. Du sollst dabei den Termingrund schön verpacken. Auf die Frage ob er vielleicht eine Versicherung braucht, wird der Kunde immer mit nein antworten. Das selbe gilt für Fenster, Staubsauger, Bücher und Zeitschriften und, und, und ......

Der Kunde wird dir viel eher einen Termin geben, wenn du ihm Problemlösungen anbietest. Auch hier gilt das Prinzip der Verpakkung. Der Kunde muß den Bedarf verspüren, dich zu sprechen. Das erreichst du nur mit Fragen.

Viele Verkäufer sind der Meinung, daß Termine vereinbaren die wahre Arbeit ist.

Es ist manchmal schwieriger einen Termin zu bekommen als zu verkaufen.

Das mag schon stimmen. Vor allem, wenn man bedenkt, daß in vielen Fällen Termine mit fremden Personen vereinbart werden sollen. Jetzt brauchst du nur zu vergleichen wie du dich fühlst, wenn du eine fremde Stimme am Telefon hörst.

Erst wenn man die betreffende Person persönlich kennt, oder schon öfters mit ihr telefoniert hat, fällt die Scheu des unbekannten weg. Hierbei ist es gut, wenn man sich auf einen Empfehlungsgeber berufen kann. Damit wird eine, dem Kunden bekannte Person vorgeschoben.

Das kann von Bedeutung sein. Denn im Gespräch mit einem Fremden versucht man automatisch auf Grund der Stimme, des sprachlichen Verhaltens, der Sprachgebarung und des Wortschatzes sich gedanklich eine fiktive Person vorzustellen. Das kann mitunter zu Hindernissen in der Terminvereinbarung führen. Erst durch Nennung des Empfehlungsgebers wird der graue Schatten des unbekannten Anrufers durch die bekannten Konturen des Bekannten ersetzt.

Du wirst feststellen, um wieviel freundlicher dein Gesprächspartner plötzlich wird.

Auch wenn die Gesprächsbasis nun eine freundlichere ist, vergiß niemals den Grund warum du anrufst. Du willst nur einen Termin.

In den meisten Fällen gelingt es nicht, einen Kunden mittels Telefon zu akquirieren. Dazu ist ein persönliches Gespräch notwendig. Deshalb brauchst du auch nicht am Telefon deine Produkte hervorzuheben, oder einige Leistungen zu betonen. Hebe dir die Argumente für das persönliche Gespräch auf. Du erhöhst damit deine Verkaufschancen erheblich.

Bereite dich ausgiebig auf das Verkaufsgespräch vor. Halte dir immer vor Augen was du willst. Doch vergiß dabei nicht den Kunden. Du mußt ihn erst davon überzeugen, daß dein Produkt jenes ist, welches er dringend benötigt.

Aus diesem Grund erstelle einen Argumentekatalog. Notiere in Stichworten die einzelnen Argumente. Dieser Argumentekatalog dient nicht zur Vorlage beim Kunden, sondern soll er dir bei der gedanklichen Vorbereitung helfen.

Aber wozu das alles? Du kennst doch sicherlich alle Produkte in- und auswendig. Da brauchst du doch keinen Argumentekatalog. Das ist doch bloß wieder mit Arbeit verbunden. Obendrein ist es nur unnötiger Aufwand.

Wirklich?

Du hast vielleicht schon gute Redner einen Vortrag halten sehen. Selbst sehr gute Redner machen sich eine Stichwortliste um nicht aus dem Konzept zu kommen. Nur du willst überhaupt nichts benötigen.

Auch manche „alte Hasen“ der Verkaufsbranche wissen um die gute Vorbereitung Bescheid. Denn selbst sie können aus der Fassung gebracht werden. Obwohl sie schon jahrelang verkaufen.

Dies hat mit der Tatsache zu tun, daß das Verkaufen keine Routinetätigkeit ist. Jedes Verkaufsgespräch verläuft anders. Gerade, weil das so ist, bist du als Verkäufer tätig. Eine langweilige Bürotätigkeit kannst du dir niemals vorstellen.

Bedenke auch dabei, daß viele gute Argumente bei manchen Verkaufsgesprächen wirklich notwendig sind. Dafür benötigst du bei anderen Gesprächen nur sehr wenige. Argumente sind dazu da um sie bei Bedarf einsetzen zu können.

Bei Bedarf.

Überfalle deine Kunden nicht mit allen möglichen und unmöglichen Argumenten. Verwende nur so viele, als du für das Geschäft wirklich brauchst.

Jedes Argument erzeugt ein Gegenargument. Dabei kommt es leicht zu einer Diskussion.

Unter Verkäufern gilt das Sprichwort: „Eine gewonnene Diskussion ist ein verlorener Abschluß“. Denke daran, wenn einmal deine Begeisterung mit dir durchgeht.

Verkaufe dem Kunden das, was er will.

Zufällig ist es jenes Produkt, welches du ihm anbietest.

Um herauszufinden was der Kunde will, ist es unbedingt notwendig zuhören zu können. Um zuhören zu können, ist es notwendig, daß der andere spricht. Um den anderen zum sprechen zu bringen, ist es notwendig Fragen zu stellen. Stelle Fragen bei denen der Kunde nicht mit „Ja“ oder „Nein“ antworten kann.

Sehen wir uns ein Beispiel an.

Anstelle zu Fragen: „Sparen Sie Energie?“

Verwende die Frage: „Wie sparen Sie Energie?“

Bei der ersten Frage kann der Gesprächspartner nur mit „Ja“ oder „Nein“ antworten. Bei der zweiten Fragestellung hingegen muß er mit einigen Worten erklären, welche Maßnahmen er bisher getroffen hat.

Bei allem was der Kunde zu dir sagt, genügt es nicht nur zuzuhören. Damit du genauer auf den Kunden eingehen kannst, mußt du *hinhören.*

Hinhören bedeutet, sich in die Situation des Kunden hineinfühlen können.

Sobald du dich mit dem Kunden identifizieren kannst, hast du mit weniger Hindernissen zu rechnen. Die Kundenidentifikation kannst du recht schnell lernen. Es genügt dafür ein kleiner Umdenkprozeß.

Schau dich dafür in deinem Freundes- und Bekanntenkreis um. Mit wem triffst du dich lieber? Mit einem der dir zuhört, oder mit einem der selber ewig redet?

Du siehst, wenn du einige Kleinigkeiten beachtest, ist die Akquisition von neuen Kunden sehr einfach.

Mit dem Erfolg erhöht sich auch der Jagdinstinkt. Du wirst richtig süchtig danach. Es ist ganz normal, daß Erfolgserlebnisse aufbauen und Niederlagen hingegen hemmende Auswirkungen haben.

Für so manche Tätigkeiten welche ein Verkäufer zu tun hat, muß man erst den sogenannten inneren Schweinehund überwinden. Die Angst vor unguten Überraschungen bleibt dennoch vorerst. Sie verschwindet erst im Laufe der Zeit. Doch selbst das kannst du beschleunigen. Versuche es mit Kaltbesuchen.

Kaltbesuche sollen nicht die Regel sein. Das ist zermürbend.

Vielfach triffst du niemanden an. Und wenn, dann ist der Besuchte vollkommen unvorbereitet und dementsprechend abweisend. Dennoch, versuche öfters Kaltbesuche. Du brauchst keine Angst davor zu haben.

Vielfach sind Kaltbesuche bei den Verkäufern nicht sehr beliebt. Das ist verständlich. Das eigene Prestige leidet doch durch Abweisungen. Wer geißelt sich schon gerne? Die Erfolgschancen bei Kaltbesuchen sind auch sehr weit unter dem Durchschnitt.

Doch die geringe Ausbeute soll dich nicht von Kaltbesuchen abhalten. Im Gegenteil. Es soll für dich eine Herausforderung sein.

Weniger eine Herausforderung eines Abschlusses wegen, sondern eine Herausforderung der Überwindung. Kaltbesuche sollst und brauchst du auch nicht zu planen. Die sollen sich ergeben. Gelegenheit dazu gibt es oft genug. Dann nämlich, wenn ein vereinbarter Termin platzt. Auch wenn du mit einem Kundengespräch früher fertig bist als erwartet, kannst du diese verbleibende Zeit nützen. Das kommt öfters vor als den Verkäufern lieb ist. Somit kannst du die freie Zeit für Kaltbesuche verwenden.

Das bietet dir Gelegenheit, den verlorenen Kunden anderweitig zu finden. Außerdem, laß dich ruhig überraschen. Kaltbesuche können schöne Gewinne einbringen.

Du arbeitest doch um Geld zu verdienen.

Wenn schon ein vereinbarter Termin geplatzt ist, ist es immer noch besser einen Kalttermin zu machen als überhaupt keinen.

Um so besser du bist, um so mehr Geld wirst du verdienen.

Damit du gut wirst, brauchst du das richtige Training.

Nutze deshalb die Kalttermine als Training. Du trainierst damit die Überwindung fremde Personen anzusprechen. Auch kannst du dabei die Gesprächsführung mit abweisenden Personen üben.

Verlieren kannst du dabei überhaupt nichts. Du kannst nur gewinnen.

Deine Verkaufschance war schon dahin als der vereinbarte Termin platzte. Also, einen Nichtabschluß hast du schon. Jetzt hast du die Möglichkeit den Nichtabschluß in einen Abschluß umzuwandeln. Nutze diese Möglichkeit, bevor es jemand anderer tut.

Bei dieser Gelegenheit wird nebenbei dein Einstellungsvermögen auf unerwartete Situationen gestärkt. Dabei lernst du ganz sicher das richtige hinhören statt bloßes zuhören.

Damit du es auch wirklich handhabst, bedarf es eines Auftrages. Dein Chef wird dir solchen Auftrag wahrscheinlich nicht geben. Deshalb bleibst nur du als Auftraggeber übrig.

Gib dir selbst den Auftrag, wöchentlich mindestens zwei Kalttermine durchzuführen.

Die Vorteile haben wir schon aufgezählt. Dazu kommt aber noch, daß du dadurch die Abschlußquote erhöhen kannst, und selbstverständlich auch dein Einkommen.

Welch unbezahlbarer Erfahrungsschatz sich daraus ergibt, wirst du spätestens dann feststellen, wenn du eine eigene Verkaufsgruppe zu leiten hast. Auch wenn du einmal den Drang verspürst, ein selbständiger Unternehmer zu werden, wirst du froh sein über diese Erfahrung.

Tu es ganz einfach.

Du brauchst es. Für dich. Nur für dich ganz allein.

Wir alle wissen, daß man nicht jeden Tag ein Millionengeschäft abschließen kann.

An manchen Tagen läuft es besser, und an manchen etwas schlechter.

Gerade für solche schlechte Tage, wo du dich am Abend fragst was du getan hast, ist es aufbauend zu wissen, dennoch ausreichend tätig gewesen zu sein. Dazu gehört auch die Selbstüberwindung. Die Selbstüberwindung dazu, einen Kalttermin durchgeführt zu haben.

Du wirst sehen, wie wohl du dich anschließend fühlst.

Telefonieren

Jeder von uns hat schon öfters telefoniert.

Manche können sich stundenlang am Telefon unterhalten. Über was dabei nicht alles gesprochen wird. Ein Wort ergibt das andere. Kaum sagt der eine etwas, fällt dem anderen schon wieder etwas neues ein. Die Gedanken fließen hin und her. Die Kommunikation zwischen Freunden, Bekannten und Familie funktioniert bestens. Die Gesichter strahlen vor Freude. Die Stimme ist offen und freundlich. Man versucht sogar mit den Händen etwas zu beschreiben, obwohl der Gesprächspartner es nicht sehen kann.

Sobald es darum geht, geschäftlich zu telefonieren, ändert sich das Verhalten plötzlich.

Die Augen bekommen einen strengen Blick. Wahrscheinlich, weil man sich so konzentriert. Der eine knipst ganz nervös mit dem Kugelschreiber, der andere zeichnet kleine Männchen oder kritzelt Striche auf irgendwelche Gegenstände am Schreibtisch.

Ein ungutes Gefühl überkommt die meisten Menschen, wenn sie mit unbekannten Personen telefonieren. Dies ist eine ganz normale Situation. Erst mit ausreichender Telefonpraxis wird das Telefonieren zur Routine.

Bis vor einigen Jahren bestand die Kommunikation fast ausschließlich aus persönlichen Kontakten. Erst mit der Erfindung der Fernmeldetechnik ist jene Form des Gespräches möglich, bei der kein direkter Blickkontakt mehr stattfindet. Durch diese Art der Kommunikation ergeben sich allerdings einige neuartige Probleme.

Früher, als die Gespräche fast ausschließlich im Zuge eines persönlichen Kontaktes stattfanden, konnte man über Blickkontakt wichtige Informationen erhalten. Diese konnte man zusätzlich zum gesprochenen Wort verwenden und deuten.

Diese Mitteilungen mittels Körpersprache werden von uns und unseren Gesprächspartnern in den meisten Fällen unbewußt wahrgenommen. Sie sind mitunter für den Gesprächsverlauf von großer Bedeutung. Sie können für das entstehen von Vertrauen oder Mißtrauen während eines Gespräches wesentliche Maßstäbe setzen.

Schon in einer alltäglichen Situation haben wir Probleme bei der Kontaktaufnahme mit einer fremden Person.

Selbst bei einem Fest innerhalb des Familienverbandes oder bei Freunden entstehen Hemmungen, mit für uns fremde Personen welche an dem Fest teilnehmen, einen Kontakt aufzubauen. Ein Gespräch mit unbekannten Personen zu beginnen ist für uns deshalb so schwierig, weil wir die Reaktion des Gesprächspartners nicht vorhersehen können. Das Risiko einer Abweisung und den damit verbundenen Imageverlust erscheint uns zu groß.

Du brauchst nur die Menschen in einem Tanzlokal beobachten. Selbst sehr gute Tänzer flüchten bei Damenwahl in den Waschraum, weil sie Angst vor der eventuellen schlechten Beurteilung haben.

Das verhalten am Telefon ist für uns deshalb schwieriger, weil wir den Gesprächspartner nicht sehen können, und dadurch auch keine Reaktion anhand der Körpersprache ablesen können.

Bei vielen Menschen entsteht dadurch ein Gefühl der Unsicherheit. Dazu kommt noch ein gewisses Unverständnis gegenüber dem technischen Kommunikationsmittels. Vor allem bei älteren Menschen kann man, mangels an Routine, einen Verunsicherungsfaktor feststellen.

Jedenfalls ergibt die Benützung des Telefons eine stark veränderte Reaktionsweise.

Bei einer optischen Wahrnehmung des Gesprächspartners kannst du durch sein Verhalten seine Persönlichkeit erkennen. Du kannst mitunter durch seine Kleidung auch seinen Beruf feststellen. Am Telefon siehst du das nicht.

Durch das Telefongespräch entgeht dir auch die Mimik. Aus der könntest du ersehen, in welcher Stimmung dein Gesprächspartner ist.

Du kannst am Telefon auch nicht feststellen, ob dein Gesprächspartner aufmerksam zuhört. Du hast vielleicht schon selbst erlebt, daß jemand den Telefonhörer vom Ohr nahm und mit Gesten seinen Unwillen zum Ausdruck bringt. Weil du das nicht siehst, kannst du den Gesprächspartner nicht dazu bringen, dir mit voller Konzentration zuzuhören.

Beim Telefonat entgeht dir auch die Körperhaltung. Gerade die sagt sehr viel über die Akzeptanz des Gespräches aus. Du kannst nicht sehen, ob er sich gelangweilt zurücklehnt oder interessiert aufrecht sitzt. Die graduelle Einschätzung seines Selbstbewußtseins oder seiner Unsicherheit ist ebenfalls nicht möglich.

Du kannst nicht erkennen, ob der Gesprächspartner durch seine Gestik eine Erregung zum Ausdruck bringt. Auch eine eventuelle Unsicherheit bleibt dir dadurch verborgen.

Es entgeht dir auch durch den fehlenden Blickkontakt der Aufschluß über die Reaktion dessen, was du sprichst. Ein Augenflakkern oder ein niedergeschlagener Blick gibt dir manchmal mehr Information über deinen Gesprächspartner als dessen gesprochenes Wort.

Viele dieser sogenannten nonverbalen Mitteilungen geben dir die nötige Sicherheit und den richtigen Aufschluß über den Gesprächsablauf, wenn du sie in einem persönlichen Gespräch wahrnehmen kannst.

Durch die Kommunikation am Telefon entgehen diese überaus wichtigen Informationen.

Dieses fehlende Wissen über die Reaktion des Gesprächspartners wird durch Vermutung ersetzt. Dadurch entstehen oftmals vollkommen falsche Vorurteile. Das Ergebnis ist Mißtrauen, welches durch die fehlende Sicherheit mehr und mehr wächst. Das alles nur, weil niemand erkennen kann, was auf ihn zukommt.

Auf das Mißtrauen reagiert der Mensch auf unterschiedliche Art und Weise. Die einen verhalten sich ruhig und zurückgezogen. Dies ist deutlich durch das Schweigen oder durch zögernde Antworten erkennbar. Durch diese Verschlossenheit ist es manchmal sehr schwer, ein konstruktives Telefongespräch zu führen. Bei der Frage nach einem Termin kommen daher die unterschiedlichsten Ausreden warum keine Zeit dafür vorhanden ist. Vorschläge finden eine geringe Akzeptanz. Der dadurch schleppend entstehende Gesprächsablauf wird mit Fortdauer des Gespräches immer mühevoller. Daraus entsteht wiederum eine starke Ermüdung unsererseits.

Etwas lebendiger wird ein Telefongespräch mit Personen welche an allem zweifeln. In jenen Fällen wird das Mißtrauen durch das Fehlen einer persönlichen Erscheinung deutlich erkennbar. Solche Menschen reagieren in einem persönlichen Gespräch zu unserer Überraschung vollkommen anders als am Telefon. Eine Terminvereinbarung erscheint bei dieser Kategorie von Menschen am schwierigsten.

Beim stattfindenden Termin zeigen sie sich aber offen und an allem interessiert. Diese Menschen stellen am häufigsten Fragen, ohne daß man sie erst großartig dazu ermuntern muß.

Schwieriger erscheint ein Telefongespräch mit Menschen welche der vermeintlich drohenden Gefahr durch den unbekannten Anrufer mit Aggressivität entgegentreten.

Der stark mißtrauische Gesprächspartner will sich mit Angriffslust verteidigen. Er wird dich kaum zu Wort kommen lassen. Durch seine Befürchtung in der schwächeren Position zu sein, will er sich selbst mit seiner übertrieben Härte in eine bessere Position bringen.

Im persönlichen Gespräch verhalten sich diese Menschen sachlich und konsequent aber freundlich. Sie zählen zu jenen Kunden, welche etwas kaufen, nicht nur weil es ihnen gefällt, sondern weil sie einen Nutzen darin sehen.

Die unterschiedlichen Verhaltensweisen sind natürlich auch im persönlichen Gespräch durch das Mißtrauen einem Fremden gegenüber vorhanden. Vor allem beim ersten Gespräch. Bei manchen Menschen legt sich dieses Mißtrauen sogar erst nach einigen Gesprächen. Nur bei wenigen wird sich eine Veränderung ergeben.

Durch den fehlenden Blickkontakt werden sie am Telefon noch verstärkt auftreten.

Die dementsprechende, manchmal übertriebene Situation am Telefon mußt du als gegeben hinnehmen. Du kannst sie nicht ändern, sondern nur versuchen dich dem Gesprächspartner entsprechend anzupassen.

Fast die gesamte Aufmerksamkeit am Telefon ist auf den akustischen Bereich konzentriert. Daher nimmt der Kunde die Äußerungen kritischer und auch bewußter auf als bei einem persönlichen Gespräch. Durch diese erhöhte Aufmerksamkeit beim Telefongespräch, ist es notwendig auch dem Sprechen eine erhöhte Aufmerksamkeit zu schenken.

Achte darauf, daß die Kommunikation zwischen Menschen einer Reihe von Behinderungen unterliegt. Diese Behinderungen sind von Natur aus bereits da. Du kannst sie nicht verhindern, sondern nur darauf achten und bei der Kommunikation berücksichtigen.

Anfängliche Informationen werden mit der zunehmenden Satzlänge durch Vermischung des steigenden Informationsgehaltes unweigerlich verändert.

Umso mehr Informationen in einem Satz enthalten sind, um so weniger bleiben sie beim Gesprächspartner haften. Daraus erfolgt, daß Teilinformationen entweder gekürzt oder erweitert werden. Auf alle Fälle werden sie in irgendeiner Form verändert. Du brauchst nur an das Spiel „Die stille Post“ denken. Mitteilungen, welche du an eine Person weitergibst, kann diese nicht mehr originalgetreu wiederholen.

Vermeide im Telefongespräch schwer verständliche oder komplizierte Wörter. Je weniger schwierige Wörter enthalten sind, umso geringer ist die Gefahr, daß dein Gesprächspartner dich nicht versteht. Dadurch entstehen weniger Mißverständnisse. Es liegt doch in deinem Interesse, daß dich der Kunde gut versteht.

Die eigentlichen Absichten korrekt auszudrücken, ist manchmal schwierig. Gehorchen doch die Gedanken oft nicht den Gesetzen der Grammatik. Wir wissen auch, daß man schneller denkt als man sprechen kann. Daher müssen die Gedanken unseren Sprachgewohnheiten erst angepaßt werden. Das was du sagen willst, mußt du so formulieren, daß es der andere auch versteht.

Die Wahrheit ist nicht das was du sagst, sondern das was der andere versteht.

- **GEDACHT** *BEDEUTET NICHT* **GESAGT**
- **GESAGT** *BEDEUTET NICHT* **GEHÖRT**
- **GEHÖRT** *BEDEUTET NICHT* **VERSTANDEN**
- **VERSTANDEN** *BEDEUTET NICHT* **BEGRIFFEN**
- **BEGRIFFEN** *BEDEUTET NICHT* **BEHALTEN**

Um das Hören, Verstehen, Begreifen und Behalten leichter zu machen, gibt es beim Sprechen verschiedene Möglichkeiten. Vor allem beim Sprechen am Telefon.

Die Einleitung des Gespräches bestimmt im Wesentlichen den weiteren Gesprächsverlauf.

Schon die ersten Worte können ausschlaggebend für das Ergebnis sein. Ob das Gespräch herzlich oder reserviert, freundlich oder aggressiv verläuft, bestimmt schon der Tonfall welcher zu Beginn eingesetzt wird. Denk nur daran, wie du auf die Stimme des Gesprächspartners beim Melden achtest um daraus eventuelle Rückschlüsse über seine Persönlichkeit ziehen zu können. Genau so geht es ihm.

Eine deutliche, wenn zwar unbewußte, Wirkung hat die Sprechtechnik.

Unsere Stimme bietet uns sehr viele Möglichkeiten. Dennoch wenden wir im täglichen Gebrauch nur einen kleinen Bereich an. Mit der Kenntnis um die Wirkung deiner Stimmlage, kannst du sie bewußter einsetzen. Genauso wie du an der Stimmlage deines Gesprächspartners seine Gefühlslage abschätzen oder sogar erkennen kannst.

Eine stark schwankende Stimmlage vermittelt das Gefühl der Unsicherheit. Manchmal kann man sogar sehr deutlich ein zittern der Stimme erkennen.

Im Gegensatz zur unruhig schwankenden Stimme, erweckt eine monotone Stimme den Eindruck von Desinteresse oder im schlimmsten Fall sogar von Langweile.

Der Mensch erhöht bei einer Aufregung seine Stimme.

Hat der Gesprächspartner an und für sich eine hohe Stimmlage, wirkt sie dem anderen gegenüber als hektisch und nervös. Um mit einem Menschen mit hoher Stimme ein angenehmes Gesprächsklima herzustellen ist das nur möglich, wenn du deine Stimme etwas senkst und dein Sprechtempo reduzierst.

Eine langsame Sprechweise wirkt beruhigend. Allerdings sollte sie nicht provokant langsam sein.

Für die elektrische Übertragung von akustischen Signalen werden für das Telefon sehr niedrige Frequenzen verwendet. Dies hat für tiefe Stimmen die Auswirkung, daß sie nicht so gut übertragen werden können als hohe Stimmen. Die Männer leiden darunter. Deshalb werden für den Telefondienst vorwiegend Frauen genommen. Die hellen Frauenstimmen eignen sich besser für die telefonische Akustik.

Um eine tiefe Stimme am Telefon besser verständlich zu machen, braucht man nur den Mund beim Sprechen etwas mehr zu öffnen. Dadurch wirkt sie etwas freundlicher.

Freudige Ereignisse erzählt der Mensch mit einem lachenden Gesicht. Schuldbekenntnisse allerdings mit verschlossenen Lippen.

Einen wesentlichen Einfluß auf Abneigung oder Zuneigung hat die Lautstärke der Stimme. Hat dies schon eine bedeutende Wirkung im persönlichen Gespräch. In Verbindung mit dem Mißtrauen dem fremden Anrufer gegenüber, hat dies im Telefongespräch eine erhöhte Wirksamkeit.

Ein aufgeregter Gesprächspartner spricht deutlich lauter als im Zustand der Nichterregung. Eigenartigerweise reagieren viele darauf mit einer ebenfalls erhöhten Lautstärke. Das Ergebnis ist wieder eine noch höhere Lautstärke. Dies kann sich bis zu persönlichen Beleidigungen steigern. Du kannst deinem Gesprächspartner seine übertriebene Lautstärke nur dadurch bewußt machen, indem du deine Stimme senkst.

Sobald ein Gesprächspartner seine Stimme absenkt, wird sich das Gespräch innerhalb weniger Augenblicke beruhigen. Eine knapp über der Hörschwelle liegenden Stimme vermittelt interessantere Botschaften. Denk nur daran, wie aufmerksam und angestrengt du zuhörst, wenn dir jemand etwas ins Ohr flüstert.

Viele versuchen mit übertriebener Lautstärke dem gesagten etwas Nachdruck zu verleihen. Doch nur ruhige und deutlich gesprochene Worte vermögen eine sachliche Prägnanz zu liefern.

Du hast mit der Sprache eine gute Möglichkeit das anfängliche Mißtrauen des Kunden abzubauen. Insbesonders mit deiner Art zu sprechen. Bleibe immer du selbst. Gekünstelte Verhaltensformen durchschaut der Kunde nach wenigen Worten.

Trotz Bewahrung der eigenen Persönlichkeit gilt es verschiedene Sprecharten zu beherrschen.

Bei einem Gesprächspartner mit ausgeprägter Dialektik wird es schwer werden sein Vertrauen zu gewinnen, wenn du im perfekten Hochdeutsch sprichst. Er wird dich vielmehr ablehnen, wenn du ein korrektes Burgtheaterdeutsch anwendest. Er wird sich eher minderwertig fühlen. Damit eine Vertrauensbasis aufzubauen ist demnach schwer.

Im umgekehrten Sinne verhält es sich ähnlich. Solltest du eine Dialektsprache bei sogenannten Gebildeten anwenden, wird deren Respekt dir gegenüber darunter leiden.

Durch die Sprechweise des Kunden sowie durch die Art seiner Formulierungen kannst du erkennen ob er über eine schnelle oder langsame Auffassungsgabe verfügt. Du mußt deshalb deine Sprechgeschwindigkeit und die Wahl der Wörter danach richten.

Manche Menschen benötigen mehr Zeit um das gehörte auch richtig zu verstehen. Teilwiederholungen im Folgesatz sind deshalb zum besseren Verstehen notwendig und auch richtig. Bei Menschen mit schneller Auffassungsgabe hingegen wirkt diese Art eher provokant.

Durch den fehlenden Blickkontakt entfällt die Möglichkeit von den Lippen zu lesen um dadurch das Gesprochene besser zu verstehen. Eine deutliche und korrekte Aussprache erhöht die Verständlichkeit. Vor allem in der Dialektik werden oftmals ganze Silben verschluckt. Dies trägt nicht zum Abbau von Unsicherheit bei. Im Gegenteil. Das undeutliche Sprechen erzeugt das Gefühl von Desinteresse. Andererseits wird eine übertriebene prägnante Aussprache als hart und unnachgiebig empfunden.

Der Ton macht die Musik.

Dieses Sprichwort trifft nicht nur auf die Musik zu, sondern auch auf die Sprache.

Die Modulation der Stimme gibt sehr viel Aufschluß über die momentane Gefühlslage des Gesprächspartners. Ist die Stimme durch Begeisterung geformt, hat sie eine andere Wirkung auf den Gesprächspartner als ein monotones Gespräch. Vergleiche die Stimme eines Nachrichtensprechers mit der eines Moderators welcher zum Beispiel die Hitparade präsentiert.

Um der Stimme einen positiven Aspekt zu verleihen, ist daher eine gewisse Begeisterung notwendig. Aber auch hier zählt eine Übertreibung eher als schädlich. Der Kunde wird dir kaum das Vertrauen schenken, wenn deine Aussprache wie eine Verhöhnung klingt. Lustig klingen mag zwar gut sein, doch es soll keinesfalls klingen, als ob du dich über deinen Gesprächspartner lustig machst.

In der Phase der Begeisterung spricht man meistens zu schnell und ohne Pause. Du sollst niemand überreden. Du sollst überzeugen. Überzeugung ergibt sich aus Fragen und Antworten.

Gib deinem Gesprächspartner die Möglichkeit Fragen zu stellen.

Dazu sind Pausen notwendig. Richtig eingesetzte Pausen verstärken obendrein das Gesagte. Der Kunde wird dich besser verstehen. Wenn er dich besser versteht, kann er sich mehr um den Inhalt als um die Worte selbst konzentrieren. Vermeide aber zu lange Pausen, sie könnten spöttisch wirken. Zusätzlich entsteht dadurch wieder Mißtrauen.

Zum geschäftlichen Erfolg trägt in hohem Ausmaß der Erfolg bei der telefonischen Terminvereinbarung dazu bei. Schon deine Persönlichkeit am Telefon kann die nötigen Impulse dazu setzen in welcher Stimmung der Kunde dich empfängt. Schenke deiner Stimme und deinem Sprechverhalten mehr Aufmerksamkeit.

Alle Kleinigkeiten auf einmal zu beachten und zu trainieren, ist unmöglich.

Konzentriere dich auf einen, oder zwei Punkte. Diese beobachte und bilde sie aus. Nimm jede Woche einen anderen Schwerpunkt. Du wirst sehen, es lohnt sich. Das telefonieren wird dir von Woche zu Woche leichter fallen. Die Ergebnisse werden immer besser. Damit erhöht sich auch die Freude am arbeiten.

Die lästige Terminvereinbarung wird zum Vergnügen. Der Zeitaufwand dafür wird immer geringer. Du bekommst deine Termine wesentlich schneller. Aber aufgepaßt, es verringert sich nur jener Zeitaufwand, in welchem du tatsächlich mit deinen Kunden sprichst. Dein verbessertes Sprechverhalten hat keinen Einfluß auf den Zeitaufwand dafür, bis du jemand erreichst.

Es ist wichtig für dich zu erkennen, in welchem Ausmaß dein Sprechtraining für deine telefonischen Erfolge ausschlaggebend ist. Aus diesem Grund lege eine Telefonstatistik an. Nur daran kannst du Veränderungen tatsächlich feststellen. Verwende sie nur einige Wochen. Aber zumindest für den Zeitraum von zwei Monaten. Anschließend arbeite zwei Monate ohne Statistik. Dann verwende sie wieder. Danach kannst du objektiv erkennen, ob du dich derartig verbessert hast und das Telefonieren zur Routine geworden ist, oder ob du weiterhin an deinem Sprechverhalten verstärkt arbeiten mußt.

So eine Telefonstatistik hat natürlich noch andere Vorteile. Es läßt sich darauf feststellen, an welchen Tagen und zu welcher Stunde die Kunden am besten zu erreichen sind. Du kannst deinen Arbeitsplan für die telefonische Terminvereinbarung danach einteilen.

Wenn du ein Statistikblatt erstellst, achte darauf, daß nur die wichtigsten Punkte darin aufscheinen. Ideal ist ein Blatt, welches du für die ganze Woche verwenden kannst.

Auf diesem Blatt soll nur das nötigste stehen.

Zuerst Datum und Uhrzeit. Damit hast du die Kontrollmöglichkeit, wann du die meisten Kunden angetroffen hast.

Gefolgt, von der Anzahl der gewählten Nummern.

Nachdem nicht jeder immer erreichbar ist, brauchst du auch einen Vermerk, mit wievielen du gesprochen hast.

Jedes Gespräch führt auch noch nicht zum Erfolg. Es wäre schön, wenn du bei jedem Gespräch einen Termin bekommen würdest. Die Praxis zeigt, daß das nicht so ist.

Also brauchst du noch einen Platz am Papier für die Anzahl der Termine. Damit für Notizen nicht auch noch einige Zettel am Schreibtisch herumliegen, schaffe auch dafür einen geringen Platz.

Telefonstatistik

NAME:	

WANN ?		GEWÄHLT	ERREICHT	TERMINE	NOTIZEN
DATUM / ZEIT					
DATUM / ZEIT					
DATUM / ZEIT					
DATUM / ZEIT					
DATUM / ZEIT					
DATUM / ZEIT					

Jetzt brauchst du diese Telefonstatistik nur noch anzuwenden.

Für jede Nummer die du wählst, zeichne einen Strich. Mache dasselbe für jedes Gespräch welches du führst, und für jeden Termin den du vereinbarst.

Die Zeit beim Telefonieren vergeht sehr schnell. Sollte ein Kunde einen nochmaligen Anruf wünschen, vermerke dies in der Spalte für Notizen. Dies gilt auch dafür, wenn der nächste Anruf an einem anderen Tag erfolgen soll. Solche Notizen kannst du nach der Telefontätigkeit noch immer in den Terminkalender schreiben. Vergeude die wertvolle Zeit nicht mit Nebensächlichkeiten. Diese halten nur auf und verändern den Zeitspiegel in der Statistik.

Viele Verkäufer sind der Meinung, daß die Terminvereinbarungen die einzige Arbeit sei. Die abwechslungsreichen Verkaufsgespräche hingegen machen nur Spaß.

Ich kann dem nur zustimmen.

Durch die Monotonie des telefonieren, vor allem wenn wenige erreichbar sind, wirkt sich das zermürbend aus. Doch das mußt du überstehen. Am besten dadurch, daß du es schnell hinter dir bringst.

Das Unangenehme erledige so rasch wie nur möglich. Dafür genieße das Angenehme.

Terminvereinbarung

Der geschäftliche Erfolg ist ein Spiegelbild deiner Verkaufsziffern.

Damit du etwas verkaufen kannst, sind Verkaufsgespräche notwendig. Die nötigen Verkaufsgespräche durchzuführen ist nur dann möglich, wenn der Kunde zu diesem Gespräch bereit ist und die Zeit dafür aufbringen kann oder will.

Eine gute Vorbereitung in Verbindung einiger hervorragender Argumente, wird den Kunden von der Notwendigkeit eines Gespräches überzeugen.

Er muß wissen, daß du kommst.

Es ist auch manchmal möglich, infolge von Kaltterminen zu einem Geschäftsabschluß zu kommen. Doch bei Kaltterminen ist nicht vorhersehbar ob der Kunde überhaupt anzutreffen ist. Und wenn, ist noch lange nicht gesagt, daß er Zeit für dich hat.

Um nicht sinnlos durch die Gegend zu rasen auf der Jagd nach Kunden, wirst du die Zeit vernünftig planen. Zur vernünftigen Planung gehört eine korrekte Terminvereinbarung.

Du bemühst dich, alles richtig zu machen.

Zwei Wochenpläne liegen vor dir am Schreibtisch. Einen benötigst du für diese Woche, den zweiten Wochenplan für die nächste Woche. Für den Fall, daß der Kunde erst nächste Woche Zeit für dich hat. Für die Kontrolle der Effizienz deiner Anrufe hast du eine Stricherlliste vorbereitet.

Ein Blick auf die Uhr. Datum und Uhrzeit werden zwecks Kontrolle notiert. Danach nimmst du das Telefon zur Hand. Du wählst die erste Nummer. Der Kunde hebt ab und meldet sich. Du nennst deinen Namen und den deiner Firma. Anschließend betonst du, daß du etwas sehr wichtiges dem Kunden zu zeigen hast und fragst ihn auch gleich, wann er Zeit für dich hat.

Der Kunde nennt dir aber noch keinen Termin. Er stellt erst die Frage: „Worum geht es?"

Darauf erklärst du großzügig die Vorteile deines Produktes. Du betonst nochmals verstärkt und eindringlich die Wichtigkeit dieses Produktes für den Kunden. Welche Vorteile es bietet und wie einfach es zu handhaben ist. Er muß dieses Produkt unbedingt haben. In voller Erwartung auf einen Termin fragst du nochmals, wann der Kunde Zeit hat.

Du hast einen schlechten Tag erwischt. Diese Woche hat der Kunde absolut keine Zeit. Er bittet dich, in zwei oder drei Wochen nochmals anzurufen.

Du vermerkst den Kundenwunsch bei den Notizen und rufst den nächsten Kunden an. Beim nächsten Kunden erfährst du dasselbe oder ein ähnliches Ergebnis. Bei den folgenden hörst du ebenfalls diese Antwort.

Etwas Wichtiges hast du auf alle Fälle erreicht: Dein Kalender ist voll mit Nachrufterminen. Natürlich ist dieses Ergebnis zurzeit nicht befriedigend. Aber du hast eine Chance für die Zukunft.

Manche mögen sich mit der Vorstellung trösten, nach Ablauf der zwei oder drei Wochen ganz groß ins Geschäft zu kommen. Doch nach den Nachtelefonaten wirst du wieder vertröstet auf einen späteren Zeitpunkt.

Jetzt tritt die Situation ein, an der viele Menschen, welche den Verkäuferberuf gewählt haben, verzweifeln. Man arbeitet wochenlang und das Ergebnis ist nicht zufriedenstellend.

Was für das Privatleben so einfach funktioniert, ist für das Geschäftsleben plötzlich eine große Hürde.

Wenn du einen Freund dazu überreden willst, mit dir ins Kino zu gehen, erzählst du ihm von dem großartigen Schauspieler welcher die Hauptrolle spielt und daß der Film sehr unterhaltsam oder spannend sein soll. Nach dem Kino wollt ihr in ein bestimmtes Lokal gehen, wo es immer eine gute Stimmung gibt. Außerdem lernt man dort recht nette Leute kennen. Obwohl du den Film schon einmal gesehen hast, erzählst du ihm nichts von der Handlung. Und wenn, dann nur jenen Ausschnitt, wo du glaubst, es könnte auch dem Freund gefallen.

Bei der geschäftlichen Terminvereinbarung machen viele das Gegenteil.

Aus Angst, keinen Termin zu bekommen, erzählen sie soviel wie nur möglich über das Produkt. Dabei kann man eine Funktion am Telefon sehr schwer erklären. Versuchen zu erklären kann man schon. Nur wird es der andere nur schwer oder überhaupt nicht verstehen.

Der Mensch denkt meistens in Bildern. Du kannst jemand anderen erzählen so viel du willst. Er wird niemals dasselbe Bild vor Augen haben wie du.

Deshalb ist es notwendig, zum Kunden zu gehen, um ihm das Produkt zu zeigen. Damit er sich Selbst ein Bild darüber machen kann. Wenn du etwas herzeigen willst, ist ein Gesprächstermin Voraussetzung.

Bei der Terminvereinbarung muß der Kunde das Bedürfnis verspüren, das Produkt kennenzulernen. Das kannst du nur erreichen, wenn er sich einen Nutzen davon verspricht.

Ob das Produkt für ihn wichtig ist oder nicht, entscheidet er selbst. Niemals du.

Deine Aufgabe ist es, das Produkt zu zeigen und vorzuführen.

Der Nutzen aus oder mit diesem Produkt hat viele Argumente. Bevor du mit dem Kunden Kontakt aufnimmst, solltest du dich auf die Argumentation vorbereiten.

Ein Händler sieht in einem Produkt einen anderen Vorteil als ein Privatkunde. Ein Händler achtet auf das Preis- /Leistungsverhältnis, auf die Verarbeitungsmöglichkeiten und auf die Qualität im Interesse seiner Kunden.

Ein Privatkunde hingegen kauft etwas, weil er sich vorstellt wie gut er sich damit fühlt. Kaufentscheidungen werden immer auf der Gefühlsebene getroffen.

Bevor du einen Kunden anrufst, solltest du überlegen, welchen Nutzen das Produkt für den Kunden haben könnte. Dazu versetze dich in die Situation des Kunden. Finde erst einmal den Nutzen dieses Produktes für deinen persönlichen Bedarf heraus. Wie würdest du mit diesem Produkt umgehen. Eine gewisse Produktidentifikation ist die beste Voraussetzung um es zu verkaufen. Erst wenn der Nutzen für dich klar ist, kannst du den Kunden davon überzeugen.

Es gibt immer wieder Verkäufer, die sich mit ihren Produkten nicht identifizieren können oder wollen. Die verkaufen zwar auch etwas. Manche sogar sehr erfolgreich. Einen guten Kundenstamm aufzubauen gelingt aber dabei nur den wenigsten.

Für einen Kundenstammaufbau ist grundsätzlich eine Vertrauensbasis notwendig. Diese schaffst du aber nur dann, wenn du zu den Kunden ehrlich bist. Ehrlichkeit im Verkauf bedeutet aber nicht, daß dem Kunden alle negativen Nebenwirkungen aufgezählt werden. Das wäre zuviel der Ehrlichkeit. Kein Autoverkäufer käme auf die Idee, mit dem Benzinverbrauch und den Servicekosten ein Verkaufsgespräch zu beginnen. Obwohl dies sicher eine neue Variante des Verkaufes wäre.

Auf Fragen des Kunden sollst du dennoch vollkommen ehrlich antworten. Tust du das nicht, hast du den Kunden wahrscheinlich verloren. Früher oder später kommt sowieso der Kunde darauf, welche kleinen Nachteile deine Produkte haben. Lieber gleich die wahre Antwort geben, aber verkäuferisch gut verpacken.

Eine Produktidentifikation ist für deinen Erfolg Voraussetzung. Hast du diese nicht, wird das Verkaufen ziemlich schwer. Selbst die Terminvereinbarung wird zur Qual. Dein Kunde erkennt das mitunter bereits am Telefon. Du kannst erzählen was du willst. Du kannst die Kunden anlügen bis sich die sprichwörtlichen Balken biegen. Aber dein Körper lügt nicht.

Zu deinem Körper zählt auch die Stimme. Ein klein wenig zittern in deiner Stimme verrät der Kunde deine Unsicherheit. Das zittern der Stimme ist vielleicht akustisch nicht direkt wahrnehmbar, aber indirekt schon. Dein Kunde wird dich nicht akzeptieren, obwohl er selbst gar nicht weiß, warum.

Bereite dich also ausgiebig auf die Terminvereinbarung vor. Dies benötigt nicht viel Zeit. Hilft dir aber Zeit zu sparen.

Nachdem du für die Terminvereinbarungen die Vorbereitungen getroffen hast, setze dir ein Ziel, wieviele Termine du vereinbaren möchtest oder mußt. Wir wissen, daß eine Zielsetzung von Vorteil ist. Noch mehr trifft das für die Terminvereinbarung zu. Wenn du weißt, wieviele Termine du noch zu vereinbaren hast, wirst du das Telefongespräch auf das wesentliche beschränken. Dadurch kommst du nicht in die Lage, pausenlos über das Produkt zu erzählen. Du willst doch bloß einen Termin.

Sobald du die Ziele festgelegt hast, erstelle den dafür nötigen Plan. Angefangen, vom Zeitplan für den Zeitpunkt und die Dauer der Terminvereinbarungen.

Ein guter Verkäufer nimmt jede Gelegenheit wahr, um Termine zu vereinbaren. Dadurch sind für die nächsten Tage oder vielleicht sogar Wochen schon einige Termine vereinbart. Für jene Termine welche noch fehlen, mußt du dir Zeit nehmen.

Vereinbare mit dir Selbst einen Termin für die Terminvereinbarung.

Plane ihn fix in deinen Wochenablauf ein. Mache aber nicht den Fehler, ihn nicht einzuhalten. Wenn du diesen mit dir vereinbarten Termin nicht einhältst, entgeht dir die Möglichkeit, weitere Geschäfte anzubahnen.

Auch wenn ein Kunde nur zu jenem Zeitpunkt, in welchem du zu terminieren gedenkst, dir einen Termin geben will, solltest du darauf verzichten. Vereinbare mit diesem Kunden einen anderen Termin. Denn solltest du diesen ***einen*** Termin gerade zu diesem Zeitpunkt wahrnehmen, verschließt du dir die Möglichkeit, viele Termine zu vereinbaren.

Beim Telefonieren bedenke auch, daß der Gesprächspartner vorerst nicht wissen kann, wer ihn anruft. Hast du schon öfters mit dem Kunden Kontakt gehabt, wird es für ihn kein Problem sein dich nach deiner Namensnennung zu identifizieren. Manche Menschen benötigen zur Erkennung zwei oder drei persönliche oder telefonische Kontakte. Andere brauchen dafür mehr Zeit. Das solltest du berücksichtigen.

Hattest du schon mit dem Kunden Kontakt, dann beschreibe ihm deine Person und den Zeitpunkt sowie den Grund des letzten Gespräches. Dies ist von besonderer Wichtigkeit.
Gibst du dem Kunden keine Möglichkeit dich zu erkennen, wird er selbst versuchen, sich zu erinnern. Während dieser Sekunden ist der Gesprächspartner nur darauf konzentriert, in seinem Gedächtnis dein Bild zu suchen. Alles was du ihm in diesen Augenblikken erzählst, kann er zwar hören, vielleicht sogar verstehen, aber niemals verarbeiten. Er wird dich demnach die ersten Worte oder Sätze wiederholen lassen. Schade um diese Zeit.

Diese Situation erhöht außerdem deinen Unsicherheitsfaktor. Du weißt nämlich nicht den genauen Grund warum er dich das bereits Gesagte wiederholen läßt.

Vorerst nimmst du an, er hätte die vermittelte Botschaft inhaltlich nicht verstanden. Deshalb formulierst du den Satz um. Durch den ungleichen Klang, beziehungsweise durch den geänderten Rhythmus deiner Stimme, wird der Gesprächspartner verunsichert.

Diese Unsicherheit des Gesprächspartners läßt sich daran erkennen, daß er dieselben oder ähnliche Fragen stellt wie beim ersten Gespräch. Er behandelt dich wie einen Fremden. Erst nachdem darauf hingewiesen wird, bereits miteinander gesprochen zu haben, wird das Gespräch offener.

Beim Erstkontakt mit einem Neukunden ist von Haus aus ein gewisses Mißtrauen vorhanden. Der Kunde hört nur deine Stimme.

Auf Grund deiner Stimme und deines sprachlichen Verhaltens, versucht der Gesprächspartner nun, sich Konturen deiner Person zusammenzustellen. Auch wenn er bereits die grauen, schattenhaften Umrisse deines Körpers vor Augen hat, bleibt ein gewisser Unsicherheitsfaktor bestehen. Er wird in den ersten Augenblicken voll und ganz mit dieser Tätigkeit beschäftigt sein.

Auch in diesem Fall ist es wichtig, diese Phase so schnell wie nur möglich zu überwinden.

Sehr einfach ist es, wenn du den Namen des Neukunden von einer anderen Person erhalten hast. Nachdem du dich vorgestellt hast, betone, daß er dich noch nicht kennt, aber er kennt den Herrn oder die Frau ....

Mit der Nennung des Empfehlungsgebers verschwinden die schattenhaften Konturen deiner Person vor den Augen des Kunden. Stattdessen sieht er bildlich die vertraute Gestalt des Empfehlungsgebers vor sich. Sein Mißtrauen dir gegenüber schwindet dadurch merklich. Somit kann er sich mehr auf deine Worte konzentrieren.

Du wirst auch wesentlich leichter einen Termin bekommen.

Grundsätzlich herrscht die Meinung, bei total Fremden Personen ist es am schwierigsten einen Termin zu bekommen. Diese Meinung zu korrigieren, liegt nur an dir.

Der Mensch neigt nun einmal dazu, fremden Personen gegenüber vorerst mißtrauisch zu sein. Dazu kommt noch, daß der Gesprächspartner nach deiner Namensnennung in seinem Gedächtnis nachforscht, ob er dich kennt. Du nennst aber nicht nur deinen Namen, sondern auch den deiner Firma. Danach stellt er sich die Frage, welche Beziehung zwischen ihm und deiner Firma besteht. Der Unsicherheitsfaktor für den Kunden ist in dieser Situation sehr groß.

Diesen Unsicherheitsfaktor kannst du nicht sofort beseitigen. Das einzige was du machen kannst, ihn etwas zu mildern. Nachdem du dich selbst und das Unternehmen vorgestellt hast, teile ihm sofort mit, daß ihr euch noch nicht persönlich kennt. Damit ersparst du dem Kunden das lästige suchen in seinem Gedächtnis nach einem Zusammenhang zwischen dir und ihm.

Nachdem du ihm die quälende Unsicherheit genommen hast, bleibt nur noch das normale Mißtrauen über.

Dieses wird nach wenigen Worten verschwinden.

Durch die Betonung des Nichtkennens entwickelt der Gesprächspartner auf der Gefühlsebene freundschaftliche Empfindungen dir gegenüber. Diese entstehen durch deine offensichtlich ehrliche Aussage. Einem ehrlichen Menschen gegenüber braucht man nicht mißtrauisch zu sein.

Daß die Aussage des Nichtkennens mitunter nicht dazu ausreicht um das normale Mißtrauen zu beseitigen, zeigt dir die Praxis.

Es ist angebracht, mit der eigenen Stimme und der Stimmlage etwas nachzuhelfen. Für manche wird das anfänglich schwierig sein. Ist man doch selbst viel zu nervös um an alles zu Denken. Dazu kommt noch, daß man mit der zunehmend geringen Ausbeute an vereinbarten Terminen, immer mehr verkrampfter wird.

Entscheidend wird sein, wie du dich am Telefon präsentierst.

Durch die akustischen Sequenzen entwickelt der Gesprächspartner ein visuelles Erscheinungsbild. Es liegt ausschließlich an dir, in welcher Form du dem Kunden erscheinst. Ist deine Mundstellung ängstlich verschlossen, wird er dich als mürrisch betrachten. Hast du hingegen eine breite und offene Mundstellung, wirkst du freundlich und sympathisch.

Bei allen Kundengruppen, ob neue Kunden oder Stammkunden, besteht eines gemeinsam, nämlich die letzte Hürde zu überwinden.

Die letzte Hürde bedeutet eine fixe Terminzusage.

Durch gute Argumentation ist es dir gelungen, den Kunden neugierig zu machen. Er hat eingesehen, daß es für ihn von Vorteil sein kann, wenn er mit dir ein Gespräch führt. Trotzdem windet er sich wie ein Wurm, wenn es um einen konkreten Termin geht.

Viele Kunden haben diesbezüglich Hemmungen durch einen inneren Widerstand. Dieser entsteht durch das Gefühl des „über ihn bestimmen“.

Wir wissen bereits, daß der Kunde keine Zeit hat. Auf die Frage nach Zeit, antwortet er meistens mit „Nein“. Er will dir keine Zeit geben. Niemand gibt gerne etwas her. Genauso gut könntest du jemand um Geld bitten. Du wirst keines bekommen.

Du wirst leichter einen Termin bekommen, wenn du ihn von dem Druck des deinerseitigen Terminwollens befreist. Stattdessen gib ihm das Gefühl, daß er über dich bestimmt. Jeder bestimmt gerne über einen anderen. Über sich selbst will sich niemand bestimmen lassen.

Verwende zum terminieren immer die sogenannte Alternativtechnik. Biete dem Kunden zwei alternative Termine an. Diese mußt du so verpacken, als ob es der Kundenwunsch wäre.

Zum Beispiel könntest Du folgenden Wortlaut verwenden:

„Um Sie über das Produkt zu informieren, ist selbstverständlich ein persönliches Gespräch notwendig. Ich stelle mir daher die Frage, wann es Ihnen angenehmer ist. Paßt es Ihnen diese Woche oder nächste Woche?“

Nach getroffener Auswahl der Woche gehört der Termin noch genauer fixiert.

„Am Anfang oder am Ende der Woche?“ („ .... Mitte der Woche?“)

„Am Montag oder Dienstag?“ (je nach vorheriger Antwort des Kunden)

„Am Vormittag oder Nachmittag?“

„Acht Uhr oder zehn Uhr?“ (je nach Antwort des Kunden)

Du steuerst zwar das Gespräch, aber beim Kunden entsteht der Eindruck, er würde dir einen Termin nennen. Dabei kannst du den Termin dorthin lenken, wohin du ihn haben willst.

Solltest du einen bestimmten Tag oder eine bestimmte Zeit bevorzugen, verwende für diesen Zeitpunkt die Frage: „ Am / um ..... oder ***doch lieber*** am / um .... ?“

In den meisten Fällen gelingt es. Voraussetzung dafür ist aber, daß der Kunde zu diesem Zeitpunkt auch wirklich zur Verfügung stehen kann.

Um sicher zu sein, daß dieser Termin vom Kunden auch eingehalten wird, erscheint es ratsam, diesen Termin vom Kunden notieren zu lassen. Du kannst ihn ohne große Bedenken darum ersuchen. Sollte er nichts zum notieren in der nähe des Telefons haben, fordere ihn auf Schreibzeug zu holen. Diese Minute Geduld mußt du aufbringen. Besser eine Minute länger telefonieren, als eine Stunde sinnlos zum Kunden zu fahren, und er ist dann nicht anzutreffen.

Wenn der Kunde zum notieren des Termins aufgefordert wird, erkennt er auch die Wichtigkeit dieses Gespräches und meßt deinem Zeitaufwand eine andere Bedeutung zu.

Vertrauen ist gut, Kontrolle ist besser.

Dieses Sprichwort hat auch für das terminisieren seine Bedeutung.

Nachdem der Kunde den Termin notiert hat, vergleiche die Notizen mit dem Kunden. Am besten in umgekehrter Reihenfolge der Erstnennung. Üblicherweise nennt man zuerst den Wochentag, dann das Datum und anschließend die Uhrzeit.

Zur Kontrolle betone deine Pünktlichkeit zur vereinbarten Uhrzeit an diesen oder jenen Tag. Danach brauchst du nur noch zu Fragen, ob er das auch so notiert hat.

Es ist für dich ein geringer Mehraufwand. Dieser wirkt sich aber für dich gewinnbringend aus.

Kundenbesuch

Ein Verkäuferkollege welcher absolut neu in der Branche ist, besucht seine ersten Kunden.

Die Einschulungstage innerhalb der Firma waren vollgepackt mit Produktschulung. Selbstverständlich hat das Unternehmen auch großen Wert auf die Verkaufsausbildung gelegt. Schließlich sollen die Mitarbeiter nicht nur die Produkte perfekt kennen, sie sollen sie auch verkaufen können.

Nach der Grundausbildung wird dem jungen Kollegen ein erfahrener Verkäufer zur Seite gestellt. Er soll dem Neuling für die ersten Schritte in der Praxis Tips und Ratschläge erteilen.

Gemeinsam werden die Aktivitäten für die nächsten Tage geplant.

Der Seniorverkäufer hilft dem Junior seine Verkaufsunterlagen praxisgerecht zusammenzustellen. Er weißt auf eine Reihe von Besonderheiten hin. Angefangen, von möglichen Kundenverhalten bis zu diesen und jenen Verkäufertricks.

Die telefonische Terminvereinbarung bei Privatkunden brachte letztendlich, nach anfänglich zittrigen Gesprächen, doch noch ein halbwegs vernünftiges Ergebnis. Beide Verkäufer sind gegenseitig stolz aufeinander. Der Senior wegen der Einsatzbereitschaft und der Lernwilligkeit des jungen Kollegen, der Junior wegen des enormen Fachwissens und des kollegialen Verhaltens des Seniors.

Es wurde zwar vereinbart, daß die ersten Termine des Juniors von beiden gemeinsam absolviert werden, doch durch Terminüberschneidungen ist dies nicht immer möglich.

So passiert es, daß der Junior seinen allerersten Termin alleine durchführen muß.

Dies stört den Jungen aber nicht. Im Gegenteil. Möchte er doch beweisen, daß er auf eigenen Beinen stehen kann. Obendrein hätte ihn das Mitgehen des Seniors wahrscheinlich nur noch mehr nervös gemacht. Auch wenn das Mitgehen absolut richtig und auch wichtig wäre, ein gewisses Gefühl des kontrolliert werden ist dennoch vorhanden.

Also macht sich der Juniorverkäufer auf den Weg zu seinen ersten Privatkunden.

Ganz aufgeregt und hektisch verläßt er das Büro. Wie wird das erste Verkaufsgespräch ausgehen?

Zweifel über seinen hinreichenden Ausbildungsstand überkommen ihn. Welche Frage wird der Kunde stellen? Hoffentlich bleibt er nicht inmitten des Verkaufsgespräches hängen.

Je mehr er sich der Kundenadresse nähert, umso mehr steigt seine Spannung.

Wirre Gedanken schießen durch seinen Kopf. Vielleicht ist der Kunde gar nicht anzutreffen. Das wäre das Beste. Somit bietet sich keine Möglichkeit ins stottern zu kommen. Das erste Lampenfieber wäre damit vorbei ohne Schaden anzurichten. Seinen ersten Termin hätte er damit ganz rasch hinter sich gebracht. Auch wenn dabei kein Geschäft zustande gekommen ist. Immerhin ist es nicht seine Schuld, daß der Kunde nicht anzutreffen war.

Während ihm solche oder ähnliche Gedanken durch den Kopf sausen, nähert er sich immer mehr der Kundenadresse.

Seine Tasche wird immer schwerer. Die Handflächen sind ganz feucht. Dafür wird die Zunge immer dicker und trockener. Ein komisches Gefühl in der Magengegend überkommt ihn. Als ob Tausende Schmetterlinge in seinem Bauch flattern würden.

Vor der Haustüre angelangt überprüft er noch einmal die Adresse. Er schaut auch noch auf die Uhr ob er wirklich pünktlich ist.

Die letzten Schritte bis zu der Türe des Kunden sind äußerst schwerfällig. Die Füße scheinen am Boden zu kleben. Ein Blick auf das Namensschild überzeugt ihn, beim richtigen Kunden zu sein.

Sein Zeigefinger betätigt den Klingelknopf an der Türe. Nach dem schrillen der Türglocke zieht er erschrocken seine Hand zurück. Schnell wischt er noch seine feuchte Hand an der Hose ab. Seine Erregung steigt.

Hinter der Türe sind Schritte vernehmbar. Die Türe wird einen Spalt geöffnet und die Person dahinter fragt was gewünscht wird.

Der junge Verkäufer stellt sich artig vor und betont, einen Termin vereinbart zu haben. Danach öffnet sich die Türe weiter und der Kunde bittet den Verkäufer einzutreten. Der Verkäufer möchte beim Kunden einen positiven Eindruck hinterlassen. Deshalb streift er seine Schuhe an der Türmatte einige Male ab. Mit devoten Verbeugungen betritt er die Räumlichkeiten. Mit einem freundlichen, aber verkrampften Lächeln, reicht er dem Kunden seine feuchte Hand und nennt nochmals seinen Namen.

Der Kunde führt den Verkäufer vom Vorraum ins nächste Zimmer. Mit einer Handbewegung auf den Tisch, bittet er den Verkäufer Platz zu nehmen, wo er will. Währenddessen der Verkäufer auf den Tisch zuschreitet, wird er vom Kunden gefragt, ob er etwas zu Trinken möchte. Dankend lehnt der Verkäufer ab. Das servieren von Getränken würde den Zeitraum des Lampenfiebers nur qualvoll verlängern. Der junge Mann möchte aber sein erstes Verkaufsgespräch so schnell wie nur möglich hinter sich bringen.

Er wählt den Platz am Ende des Tisches, rückt den Sessel etwas heraus und nimmt Platz. Die Art wie er am Sessel sitzt, verrät seine Unsicherheit. Anstatt, die Sitzfläche voll auszunützen, belegt er bloß den vorderen Teil. Gerade soviel, daß er nicht vom Sessel fällt.

Aus der Tasche entnimmt er seine Verkaufsunterlagen und breitet sie am Tisch aus. In der Zwischenzeit hat auch der Kunde am anderen Ende des Tisches seinen Platz eingenommen.

Das Verkaufsgespräch beginnt mit der Präsentation der Verkaufsunterlagen. Der junge und dynamische Verkäufer beugt sich über die Prospekte und liest die einzelnen Punkte vor. Zwischendurch hebt er den Kopf, blickt den Kunden an und fragt ihn, ob er auch alles verstanden hat.

Der Kunde gibt ihm höflich zu verstehen, daß er weitermachen soll.

Der Verkäufer ist erleichtert über die lockere Atmosphäre beim Kunden. Der Kunde muß bereits sehr viel Vorinformation über sein Produkt haben, weil er keine Fragen stellt. Also murmelt er weiterhin den Text vom Prospekt herunter.

Als er damit fertig ist, zeigt ihm ein Blick auf die Uhr, daß das Verkaufsgespräch keine zehn Minuten gedauert hat. Verwundert stellt er sich innerlich die Frage, warum seine Kollegen von etwa einer

Stunde gesprochen haben. Die müssen alle über Nebensächliches wie das Wetter reden. Vielleicht unterhalten sie sich pausenlos über den Sport.

Es funktioniert doch in einer viel kürzeren Zeit. Schnell alles runterblabbern und dann das Geschäft vom Kunden unterzeichnen lassen.

Er blickt nun den Kunden an und fragt ihn, ob ihm dieses Produkt gefällt. Da der Kunde bloß kurz nickt, anstatt in helle Begeisterung zu fallen, vermutet der Verkäufer, daß noch einiges unklar ist. Er wiederholt einige Sequenzen aus dem Prospekt mit der Hoffnung, daß es der Kunde endlich versteht.

Danach blickt er den Kunden erwartungsvoll an. Der Kunde hustet kurz und meint, daß dieses Produkt ganz bestimmt sehr gut sein muß. Er bedankt sich für die exzellent gute Beschreibung. Brauchen kann er so ein Produkt auch. Doch so eine Investition muß sehr gründlich überlegt sein. Einmal darüber schlafen und selbstverständlich auch noch mit der Frau über den Kauf beraten. Er wird sich melden. Die Telefonnummer findet er sowieso am Prospekt.

Der Verkäufer schreibt noch in großen Buchstaben seinen Namen auf das Prospekt. Damit der Kunde nach ihm verlangen kann.

Als ihn der Kunde zu der Türe begleitet, betont er noch einmal die einen oder anderen Vorzüge des Produktes, und der Kunde soll sich recht schnell dafür entscheiden, denn er wird bestimmt sehr viel Freude damit haben.

Auf der Straße angekommen denkt sich der Juniorverkäufer, daß es gar nicht so schwierig ist - das Verkaufen.

Mit dieser Überlegung hat der junge Verkäuferkollege bestimmt recht.

Doch das „Verkaufen“ bedeutet viel mehr, als bloß von den Unterlagen vorzulesen. Zumindest einige Verhaltensregeln sollst du beachten.

Wenn schon vereinbart wurde, daß die ersten Termine gemeinsam mit einem erfahrenen Kollegen durchgeführt werden, dann bestehe auch darauf.

Wir haben schon gelernt, daß die Arbeitszeit in Prioritäten eingestuft werden soll. Die oberste Priorität des Profis sollten die ersten Termine des Juniors sein. Es ist nicht nur dein Recht, sondern vielmehr deine eigene Pflicht, auf die Unterstützung des Seniors zu bestehen. Auch wenn es nur für den ersten Termin möglich ist.

Die Aufgabe des Seniors ist nicht, dich zu kontrollieren, sondern dir zu helfen, wenn du ins stocken gerätst. Ein gewisses Durcheinander beim ersten Verkaufsgespräch ist vollkommen natürlich und verständlich. Dem Senior ist es bei seinen ersten Schritten auch nicht anders ergangen.

Das Lampenfieber vor den Terminen ist absolut nichts Schlechtes. Das ist nur ein Zeichen Deiner Leistungsbereitschaft in Verbindung mit einer Erfolgserwartung. Du wirst im Laufe deiner Verkäuferkarriere beobachten können, daß, wenn du Lampenfieber hast, ist das Verkaufsgespräch viel interessanter und erfolgreicher als ohne Lampenfieber.

Wenn möglich, teile dir die Zeit so ein, daß du einige Minuten vor dem Termin vor Ort bist. Die verbleibenden Minuten kannst du für die geistige Vorbereitung auf das Gespräch verwenden. Bei den ersten Terminen wirst du dir voraussichtlich ein ganzes Verkaufsgespräch durch deinen Kopf gehen lassen. Diese Vorbereitung wird sich im Laufe der Zeit auf das Wesentliche beschränken. Sie dient nicht zur eigenen Kontrolle, ob du das Verkaufsgespräch beherrschst oder nicht. Es ist insofern nützlich, als du gedanklich schon warmgelaufen bist. Damit hast du einen Vorteil gegenüber dem Kunden.

Denk dabei an ein Auto. Ein warmgelaufener Motor läuft ruhiger und ist leistungsstärker als ein kalter Motor.

Du bist warmgelaufen, der Kunde hingegen ist noch vollkommen kalt.

Jeder von uns hat seine Alltagssorgen und kleine Probleme mit denen er fertig werden muß. Bei den Gedanken um seine Sorgen wird kaum jemand ein lächelndes Gesicht zeigen.

Auch das Lampenfieber vor einem Verkaufsgespräch zählt mit dazu. Wenn du dann versuchst, ein gewinnbringendes Lächeln aufzusetzen, wird das unweigerlich zur Grimasse. Deine Gesichtsmuskeln sind noch lange Zeit angespannt. Um sie für ein offenes Lächeln zu lockern gibt es eine einfache, wenngleich lächerliche, Methode. Bevor du dich beim Kunden anmeldest, suche eine Glasfläche oder einen Spiegel. Entweder einen Spiegel im Auto, oder eine Auslagenscheibe. Schau dich darin an, blicke ganz tief in deine Augen und sage zu dir selbst, wie blöd du heute wieder aussiehst. Von einer Sekunde auf die andere wird sich ein Gesicht von einem verkrampften in ein offenes und freundliches verwandeln. Diese Methode ist zwar sehr blöde, aber sie wirkt.

Bevor du dich beim Kunden vorstellst, beachte nochmals dein äußeres Erscheinungsbild. Ein offenes Hemd, eine schief hängende

Krawatte oder ein vom Wind in Unordnung gebrachtes Haar machen auf den ersten Blick nicht den besten Eindruck.

Beim Anläuten an der Türglocke bedenke, daß ein Fremder einmal klingelt, ein Freund aber zweimal. Laß es zweimal hintereinander klingeln. Das erste ganz kurz, das zweite etwas länger. Wie ein Freund.

Preß dich nicht zu nahe an die Türe. Laß einen Schritt Abstand.

Nach dem öffnen der Türe machen viele Verkäufer während der Vorstellung der eigenen Person einen Schritt nach vor um die Türe aufzupressen. Der Kunde fühlt sich in dieser kurzen Phase überrumpelt und schließt die Türe wieder etwas, bevor er sie ganz öffnet. Einige ängstliche Menschen drücken die Türe sogar bis auf einen Spalt wieder zu.

Mache bei deiner Namensnennung einen kleinen Schritt zurück. Dadurch wird sich die Türe für dich ganz weit öffnen.

Nach dem Händeschütteln und dem betreten der Räumlichkeiten wähle den für das Gespräch am besten geeignetsten Platz aus.

Etliche Personen haben sowohl einen Eßtisch als auch eine Sitzgarnitur zur Verfügung. Bei dieser Auswahlmöglichkeit wähle den Eßtisch. In einem Fauteuil zu sitzen, mag zwar bequemer sein, doch das entspannte Sitzen erlaubt keine ergiebige Beobachtung der Körpersprache mit all seinen Signalen.

Damit das Gespräch einen positiven Verlauf nehmen kann, achte auf die richtige Sitzordnung. Der Kunde soll nicht dir gegenüber sitzen, auch nicht neben dir. Für die Erklärungen aus einem Prospekt, einem Katalog oder wenn du dem Kunden etwas aufzeichnest, sollen beide Gesprächspartner die Möglichkeit haben, darauf Einblick zu nehmen. Darum ist die beste Sitzposition für beide an der Tischecke.

Bist Du Rechtshänder, soll der Kunde links von dir sitzen. Für Linkshänder gilt die umgekehrte Regel.

Selbstverständlich nimmst du Rücksicht auf die hierarchische Sitzgewohnheit des Kunden. Viele Menschen haben ihren Stammsitz. Allerdings nimmst du nur dann darauf Rücksicht, wenn es für *dich* keinen Nachteil bedeutet. Ein Nachteil ist es dann, wenn du als Rechtshänder auf der linken Seite des Kunden sitzen mußt. Dadurch würde deine schreibende Hand das geschriebene verdekken.

Sollte der Kunde etwas zu Trinken anbieten, dann nimm dankend an. Auch wenn du nicht durstig bist. Das servieren von Getränken gibt dir und dem Kunden einen zeitlichen Spielraum um die Nervosität etwas abzubauen. Denn nicht nur du bist aufgeregt, auch der Kunde ist es. Manchmal sogar mehr als du.

Als zusätzlichen Vorteil bietet dir diese Zeit auch noch die Möglichkeit, dich im Raum etwas umzusehen. Dabei kannst du manchmal etwas über die Gewohnheiten des Kunden entdecken. Verschiedene Gegenstände können dir Aufschluß über den Beruf, den Lebensgewohnheiten, etwaige Hobbys oder sportliche Aktivitäten des Kunden bieten.

Zu Beginn des Gespräches reiche dem Kunden deine Visitenkarte und nenne dazu nochmals deinen Namen. Die nochmalige Namensnennung ist besonders bei einem schwierig auszusprechenden Namen extrem wichtig.

Plaziere die Visitenkarte im Blickfeld des Kunden. Dadurch hat er die Möglichkeit nachzulesen, wenn er dich namentlich ansprechen möchte, aber deinen Namen nicht behalten hat.

Beginne nicht sofort mit dem Verkaufsgespräch. Der Kunde ist wahrscheinlich noch viel zu unsicher dafür. Diese Unsicherheit bezieht sich auf deine Person. Du bist für ihn ein Fremder. Er muß sich erst an dich, deine Persönlichkeit und deinen Sprechgepflogenheiten gewöhnen.

Genauso geht es auch dir.

Auch du mußt dich erst an den fremden Menschen gewöhnen. Erst durch das gegenseitige Abtasten, wird das entwickeln einer Strategie über die weitere Gesprächsführung ermöglicht.

Deshalb führe erst einmal ein Aufwärmgespräch. Dem sogenannten „small talk".

Verwende dafür keinesfalls die üblichen Floskeln über das Wetter. Daß es sehr heiß ist, oder bereits seit Wochen regnet, wißt ihr beide und ihr werdet euch diesbezüglich bestimmt keine Neuigkeiten erzählen können. Auch das vielfach angewandte Gequatsche über die schöne Wohnung wird kaum zur besseren Verständigung beitragen. Schon gar nicht, wenn der Kunde seine Wohnung exotisch eingerichtet hat. Eine exotische Einrichtung bestehend aus alten Obstkartons oder ähnlichem.

Auch eine politische Diskussion oder die Debatte über das letzte Fußballspiel wird kaum zu einer gegenseitigen Anerkennung führen. Dabei kann es nur zu emotionalen Ausbrüchen kommen. Diese Art von Gesprächen dienen nicht zum aufwärmen, sondern wahrscheinlich nur zum erhitzen der Gemüter.

Sollte der Kunde ein Haustier besitzen, betone nicht die Schönheit des Tieres. Diese Bemerkung empfindet der Kunde höchstens als „sich einschmeicheln wollen“. Wenn schon ein Tier zwischen deine Beine herumkriecht, dann sprich es kurz direkt an. Dadurch entsteht beim Kunden ein indirektes Gefühl der Anerkennung seines Besitzes.

Eine ausgesprochen ungute Situation kann entstehen, wenn Kinder anwesend sind.

Zum einen wollen die Kinder ebenfalls bemerkt und in das Gespräch einbezogen werden, zum anderen können sie das Verkaufsgespräch wesentlich beeinträchtigen oder sogar stören. Kinder stehen nun einmal gerne im Mittelpunkt. Vor allem vor einem Fremden wollen sie ihre Hausherrschaft beweisen.

Kinder stören die Konzentrationsfähigkeit. Die des Verkäufers, weil sie unentwegt Zwischenfragen stellen oder in der Verkäufertasche nach brauchbaren Spielgegenständen suchen wollen. Die des Kunden auf alle Fälle, weil er stets abgelenkt wird. Er soll deinen Argumenten folgen und gleichzeitig auf seine Kinder achten, damit sie nichts anstellen. Zwei Dinge gleichzeitig tun, ist nicht möglich.

Manche Kinder wollen die Aufmerksamkeit unbedingt auf sich lenken, weil sie genau bemerken, daß der Verkäufer die Aufmerksamkeit der Eltern von ihnen weg, und zu ihm lenken will. Ein Fremder stiehlt ihnen die Zeit der Eltern, welche sie mit ihnen verbringen könnte. Deshalb kann es schon vorkommen, daß Kinder mitten im schönsten Verkaufsgespräch plötzlich Hunger oder Durst bekommen. Auch der Wunsch nach Süßigkeiten oder das verlangen aus einem Buch vorzulesen sind bei Kindern sehr beliebte Störungsmethoden.

Um ein ungestörtes Verkaufsgespräch vollziehen zu können, mußt du erst die Kinder zufriedenstellen.

Mach dir die Kinder zu Freunden.

Stell dich bei den Kindern mit deinem Vornamen vor. Frage die Kinder um ihren Namen. Zeige Interesse an dem was die Kinder zurzeit tun. Nicht nur heuchlerisch und oberflächlich. Kinder merken das.

Setz dich zu den Kindern dazu, frage sie ob du mitspielen darfst. Sind die Kinder scheue Wesen, hat sich diese Angelegenheit schon erledigt. Wenn sie dich mitspielen lassen, entschuldige dich kurz bei den Eltern und beschäftige dich einige Minuten mit den Kleinen.

Ignoriere die Eltern in dieser Zeit vollkommen. Achte nur darauf, daß die Spielzeit nicht zu lange dauert. Zehn bis fünfzehn Minuten sind genug. In dieser Zeit haben dich die Kinder ins Herz geschlossen. Du bist deren Freund. Über die Herzen der Kinder findest du leichten Zugang zu den Eltern.

Nach der Spielzeit mache den Kindern klar, daß du dich nun den Eltern widmen mußt. Sage ihnen in kurzen Worten, warum du gekommen bist. Die Kinder verstehen das und werden dich bei deinem Verkaufsgespräch nicht stören. Und wenn doch, hast du die Autorität bei den Kindern sie zu bitten, dich beim Gespräch nicht zu stören. Du wirst überrascht sein, wie sie deinen Worten Folge leisten. Noch mehr überrascht werden die Eltern sein.

Nach dem Spiel mit den Kindern entschuldige dich nochmals bei den Eltern für die Verzögerung. Die Zeit beim spielen vergeht eben so schnell.

Durch diese „Kinderspielerei“ kannst du den „Small talk“ natürlich wesentlich verkürzen. Nachdem du nun ein Freund der Kinder bist, haben die Eltern die Scheu vor dir etwas abgelegt.

Du kannst dadurch sofort mit dem Verkaufsgespräch beginnen.

Nicht immer sind Kinder vorhanden. In so einem Fall ist natürlich das Aufwärmgespräch notwendig.

Du hast dich bereits im Raum umgesehen und eventuell etwas entdeckt, über das du mit dem Kunden plaudern kannst. Frage ihn ruhig, ob er dies oder jenes eigenhändig gebastelt oder erzeugt hat. Hast du Pokale oder Auszeichnungen entdeckt, führe mit ihm ein Gespräch über seine sportlichen Aktivitäten und Erfolge. Zeige dabei aber immer ein ehrliches Interesse. Stelle gezielte Fragen und höre ganz genau hin. Später kannst du einige Bemerkungen in deiner Kundenkartei notieren. Diese Notizen werden dir bei der nachfolgenden Kundenbetreuung noch von Diensten sein.

Wenn Menschen über sich erzählen dürfen, kommen sie leicht ins schwärmen und sind nicht mehr zu bremsen. Schließlich erzählt ein jeder am liebsten über sich. Daher sind die beliebtesten Menschen auch jene, welche zuhören können.

Achte auch in diesem Fall auf die Zeit. Nach längstens fünfzehn Minuten kannst du den Kunden schon unterbrechen indem du die interessanten Schilderungen würdigst, aber gleichzeitig betonst, daß dein Besuch einen anderen Grund hat.

Denke immer daran, daß du mit Menschen zu Tun hast. Auch du bist ein Mensch. Das menschliche Alltagsleben unterliegt unterschiedlichen Verhaltensnormen. Dabei kannst du in vielen Fällen von deinem eigenen Verhalten ausgehen. Wie würdest du auf diese oder jene Situation reagieren? Das Schönste am menschlichen Verhalten bleibt die Tatsache, daß nicht alle Menschen gleich sind. Dadurch ergibt sich für den Verkäufer erst die Herausforderung.

Finde die richtigen Worte zum richtigen Zeitpunkt. Zuviel „Kundenschmeicheleien“ sind genauso schädlich wie zu wenig Anerkennung des Menschen. Versuche immer „du selbst“ zu bleiben. Ehrlichkeit dem Kunden gegenüber sollte immer das oberste Gebot sein.

Entwickle damit deine eigene Persönlichkeit. Damit hast du schon als „Person“ eine glaubwürdige Ausstrahlung.

Die Kundenbesuche werden dadurch zum positiven Ereignis für deine Kunden und auch für dich.

Kundenbeziehung

Man kann nicht bei jedem Kunden ein Geschäft abschließen. Das schafft auch der beste Verkäufer nicht.

Der Ehrgeiz erfolgreich zu sein, läßt viele Verkäuferkollegen dazu verleiten, den Überblick zu verlieren. Durch das Streben nach recht vielen Abschlüssen wird das Verkaufen zum Zwang.

In mancherlei Hinsicht tragen die Unternehmen die Schuld daran.

Den Verkäufern wird ein Produktionssoll vorgeschrieben. Damit dieser vom Unternehmen vorgegebener Umsatzplan erfüllt wird, werden die Verkäufer bestens in Präsentation, Argumentation und Abschlußtechnik geschult. Dies wird so lange trainiert, bis dem Verkäufer kein Kunde mehr „Nein“ sagen kann.

Durch dieses antrainierte Verkaufsverhalten werden zwar viele Abschlüsse getätigt, doch wird es dadurch immer schwieriger, richtige Stammkunden mit einer Kunden- / Verkäuferbeziehung aufzubauen.

Der Kunde merkt natürlich früher oder später den Zugzwang des Verkäufers zum Geschäftsabschluß. In den meisten Fällen zwar erst nachdem der Verkäufer den Kunden mit dessen Unterschrift wieder verlassen hat.

Nach jedem Kauf oder Nichtkauf überkommen dem Kunden bedenken, ob er auch richtig gehandelt hat.

Bei dieser ganz normalen Kaufreue entdeckt der Kunde den Druck des Verkäufers welchem er nicht standhalten konnte.

In den folgenden Kontakten des Kunden mit dem Unternehmen, mit dessen Mitarbeitern oder mit dem Verkäufer selbst, wird dieser Verkaufsdruck im Gedächtnis des Kunden wieder geweckt. Ein unangenehmes Gefühl macht sich beim Kunden breit. Er hat Angst, wieder übervorteilt zu werden. Anstelle von Vertrauen in das Unternehmen wird er verstärktes Mißtrauen entwickeln.

Jedes Unternehmen und jeder Verkäufer legen großen Wert auf Stammkunden.

Diesen Stammkunden weitere Produkte zu verkaufen fällt viel leichter als der Verkauf an Neukunden. Besteht doch ein gewisses Naheverhältnis zwischen Kunden und Unternehmen beziehungsweise dem Verkäufer. Um dem Naheverhältnis eine Grundlage zu bieten, erwartet sich der Kunde die für ihn notwendig erscheinenden Dienstleistungen zumindest in Form einer guten Beratung.

Die meisten Verkäufer verstehen in der Beratung vor dem Verkauf allerdings nur die Beratung betreffend hochpreisige Produkte. Es liegt in der Natur des Verkäufers, daß er dem Kunden viel lieber ein teures Produkt anbietet und verkauft. Selbstverständlich liegt der Verkäufer damit richtig. Die Wirtschaft lebt schließlich nur vom Verkauf. Der Verkäufer ebenfalls. Tragen doch die unterschiedlichen Entlohnungsformen auch wesentlich dazu bei.

Durch verschiedene Entlohnungsvarianten ist das Einkommen der Verkäufer unterschiedlich. Die meisten Unternehmen bezahlen den angestellten Verkäufern neben einem Fixgehalt noch zusätzliche Verkaufsprovisionen. Sie sind dadurch direkt am Umsatz beteiligt. Dies ist eine gute Einrichtung. Werden doch damit die fleißigen durch das höhere Einkommen belohnt.

Ein selbständiger Verkäufer verdient ausschließlich an den Provisionen. Die sind selbstverständlich höher als bei einem angestellten Verkäufer. Dafür muß er für den Zeitraum seines Urlaubs, Krankenstandes und auch die Alterspension selbst vorsorgen. Er kann keine sozialrechtlichen Ansprüche an das Unternehmen stellen. Er stellt also für das Unternehmen kein betriebswirtschaftliches Risiko dar.

Unverständlicherweise nutzen viele Unternehmen aber auch sehr viele Verkäufer diese für beide Seiten vorteilhafte Möglichkeit der geschäftlichen Kooperation nicht aus.

Die Unternehmen vermutlich deshalb, weil sie Angst davor haben, daß der Verkäufer als selbständiger Unternehmer durch den Wegfall der Weisungsgebundenheit nicht im ausreichendem Maße die Unternehmensstrategie verfolgen könnte.

Die angestellten Verkäufer wiederum schätzen die soziale Sicherheit und ein gewisses Mindesteinkommen. Auch dann, wenn sie weniger leisten als gefordert wird.

Ein Verkäufer als selbständiger Unternehmer ist durch den Wegfall eines Fixgehaltes ausschließlich auf die Verkaufsprovisionen angewiesen. Als ordentlicher Kaufmann denkt er auch daran, Rücklagen für schwierige Zeiten zu bilden. Demzufolge verkaufen selbständige Handelsvertreter um einiges mehr als unselbständige.

Auf Grund der Provisionsregelungen ist der Verkäufer natürlich daran interessiert, hochpreisige Produkte zu verkaufen. Schließlich ist sein Einkommen dadurch höher. Dadurch bleibt der Kunde in vielen Fällen auf der Strecke. Denn es wird vielfach jenes Produkt verkauft, welches der Verkäufer verkaufen will, und nicht jenes Produkt, welches der Kunde braucht.

Daß der Kunde das teure Produkt auch verwenden kann, steht außer Zweifel. Obendrein wählen viele Kunden ein Produkt nach dem geringen Preis und nicht nach der Qualität. Daß eine gute Qualität auch seinen guten Preis hat, muß jedem bewußt sein. Der Kunde ist auch bereit, sein Geld für Qualität auszugeben. Vorausgesetzt, er sucht die Qualität.

Um den Kunden von der besseren Qualität zu überzeugen, verwendet der Verkäufer alle seine guten Verkaufsargumente. Im Allgemeinen spricht man von einer guten und intensiven Beratung. Hat der Kunde endlich gekauft, eilt der Verkäufer mit stolzgeschwellter Brust und dem Lächeln eines Siegers zu seinem Chef um ihm die frohe Botschaft zu überbringen und um sich eine Portion Streicheleinheiten abzuholen.

Er kann mit gutem Recht auch Stolz auf sich sein. Hat er doch durch seinen persönlichen Einsatz dem Kunden mehr verkauft, als dieser ausgeben wollte.

Will sich der Kunde in nächster Zeit mit Fragen des Produktes betreffend an den Verkäufer wenden, hat dieser plötzlich keine Zeit. Denn diese Zeit welche der Verkäufer für eine Nachberatung aufbringen soll, kann er für einen neuen Kunden verwenden. Der alte Kunde hat bereits gekauft. Deshalb empfindet er diesen Zeitaufwand als Vergeudung.

Um dennoch die gewünschte Auskunft zu erhalten, wendet sich der Kunde an einen anderen Verkäufer. Dieser ist auf den Geschäftserfolg seines Kollegen eifersüchtig und stellt das bereits gekaufte Produkt als minderwertig hin. Er versucht jetzt seinerseits, dem Kunden etwas dazu zu verkaufen oder er bietet sogar ein vollkommen anderes Produkt an.

Geschäftsneid ist etwas Schreckliches. Vor allem für jene Verkäufer, welche selbst nicht in der Lage sind, für eigene Kunden zu sorgen und dementsprechend zu arbeiten.

Das Resultat ist eine Verunsicherung des Kunden. Er hat das Gefühl, daß jeder Verkäufer nur die halbe Wahrheit erzählt. Nur, welche Hälfte ist die Richtige?

Nachdem der Kunde die Handlungen eines Einzelnen, immer mit dem gesamten Unternehmen in Verbindung bringt, wird er wahrscheinlich diese Firma in Zukunft meiden.

Er wendet sich mit seinen künftigen Kaufüberlegungen an die Konkurrenz.
Weil solche Situationen viele Unternehmen betreffen, profitieren alle davon. Der Kundenstamm wechselt dadurch kontinuierlich. Es geht dabei wenig Geschäft verloren.

Die Verkäufer stehen aber dadurch vor der Situation, daß sie ständig auf der Jagd nach neuen Kunden sind.

Neukundenjagd ist etwas sehr schönes und positives. Bedeutet es doch einen hohen Grad der Selbstwertbestätigung bei einem vollkommen fremden Menschen das Vertrauen zu erlangen und diesem zu einem Kaufabschluss zu bewegen.

Auf der anderen Seite erhöht sich das Gefühl der Minderwertigkeit in einer Phase des geringen geschäftlichen Erfolges. Das Geschäftsleben ist natürlich ein immer wiederkehrendes auf und ab. Ein geschäftliches Tief zu überwinden kostet sehr viel Kraft und Energie.

In so einer Phase des Tiefs verstärken sich die Ausflüchte der Verkäufer in die Ausreden, warum das Geschäft zurzeit nicht funktionieren kann. Bei Schönwetter machen *alle* Kunden einen Ausflug an die Badeseen, bei Schlechtwetter sind *alle* Kunden im Kino oder im Theater. Während den Schulferien kann überhaupt kein Geschäft gehen, weil doch *alle* Kunden im Ausland auf Urlaub sind. Eigenartigerweise kommen in dieser Zeit manche Verkäufer zu spät zur Arbeit, weil sie im Verkehrsstau gestanden sind.

Noch schlimmer sind jene Ausreden, welche auf familiäre Probleme ausgerichtet sind. Schließlich kann der Verkäufer absolut nichts verkaufen, wenn seine Frau Kopfschmerzen hat, die Oma ihre dritten Zähne bekommt oder der Hund nächste Woche trächtig wird.

Die Verkäufer wissen in so einer Phase selbst, daß sie nur Ausreden verwenden. Die Vorgesetzten wissen es selbstverständlich auch.

Das schlimme an der Situation ist, daß die Vorgesetzten vermeintlich machtlos gegenüber solchen Ausreden sind. Zumindest wissen sie darauf keine Antwort. Durch das Nichtreagieren der Vorgesetzten entwickelt der Verkäufer eine gewisse Euphorie eines Siegers. Hat er sich doch gegenüber seinem Chef mit seiner Meinung durchgesetzt. Durch diese Ersatzbefriedigung entsteht kaum eine weitere Motivation für ein geschäftliches Handeln.

Schlimm ist nur, daß die Vorgesetzten auf dieser „Es geht nicht" - Welle mitschwimmen. Und deren Vorgesetzten nehmen diesen Zustand kommentarlos hin.

Erst wenn ein Verkäufer durch den finanziellen Verlust der fehlenden Provisionen aus seinem Ausredenschlaf geweckt wird, beginnt er wieder an seine wesentlichen Aufgaben zu denken. Dieser Mitarbeiter reißt infolge der Vorbildwirkung einige seiner Kollegen mit. Wobei die Vorbildwirkung sich weniger auf das Tun selbst bezieht, sondern vielmehr auf die Tatsache, daß die Verkäufer nun beginnen, offen über die Situation zu denken und sie untereinander auch aussprechen.

Durch diese offenen Gespräche ergibt sich eine gewisse Selbsterkenntnis, welche letztendlich zum Erkennen der Tatsächlichen Ist-Situation führt.

Obwohl diese Änderung im Verhalten positiv zu bewerten ist, hat sie einen negativen Beigeschmack. Wurde sie doch von den Verkäufern selbst herbeigerufen. Sinnvollerweise wären das die Aufgabe des Vorgesetzten. Man darf ihm aber in dieser Hinsicht keinen Vorwurf machen. Die ganze Situation ist vollkommen menschlich. Das Schulterzucken in Verbindung einer Resignation gehört zu den menschlichen Schwächen. Auch der Vorgesetzte ist ein Mensch.

Diese menschlichen Schwächen sind für einen selbständigen Verkäufer tabu. Wenn er sie auch nicht vollkommen vermeiden kann, so sind sie zumindest von verkürzter Dauer. Er kann sich solche Situationen ganz einfach nicht leisten.

Das selbständige Verkaufen, egal ob selbständiger Handelsvertreter oder als Angestellter, bedeutet für die einzelnen, daß er erst einmal die Verantwortung für sein eigenes Handeln übernimmt.

Dazu gehört auch das Wissen über den langfristigen Geschäftsablauf. Es gibt nun einmal Episoden von steigendem Umsatz und auch solche, in denen der Umsatz geringer ausfällt.

Das Leben auf der Erde wird von Gegensätzen bestimmt. Von Plus und Minus. Von positiv und negativ. Es gibt den Nord- und den Südpol. An manchen Tagen regnet es und an manchen scheint die Sonne. Wir haben Tag und Nacht, sowie Ebbe und Flut. Dies ergibt das Leben.

Auch im Verkauf gibt es positives und negatives. Nur positiv oder nur negativ kann nicht existieren. Es muß beides geben.

Es liegt in der Natur des Menschen, daß er die Phase des Aufschwungs so lange wie möglich genießen möchte. Das Positive wird gerne hingenommen. Doch sobald sich die positive Tendenz in eine negative zu wandeln beginnt, setzt bei vielen Verkäufern der Verstand aus. Sie verstehen nicht die Regeln des Verkäuferlebens.

Die Abwärtsbewegung in der Verkaufskurve trifft jeden Verkäufer, ob er will oder nicht. Den einen öfters und den anderen seltener. Aber sie kommt auf jeden zu. Auch auf den besten Verkäufer.

Bei Eintritt der negativen Verkaufsphase verfallen viele Verkäufer in Demagogie. Sie sind der Meinung, das Leben meint es schlecht mit ihnen. Nun entwickeln sie einen masochistischen Trieb. Sie bedauern sich selbst und geißeln sich und ihre Kollegen mit den unwahrscheinlichsten Gründen warum das Geschäft nicht geht.

Ein, mit den Gesetzen des Verkäuferlebens vertrauter Verkäufer wird diese Phase des geringen Verkaufserfolges verstärkt dazu verwenden, um Kontakt zu seinen bisherigen Kunden zu suchen. Kein Freund, kein Kollege, kein Vorgesetzter und auch kein Verkaufspsychologe kann einem Verkäufer mehr Motivation bieten als ein zufriedener Kunde.

Niemand kann eine negative Phase verhindern. Aber jeder kann die Dauer dieser Phase beeinträchtigen. Für jene Verkäufer, welche nur den Kopf hängen lassen, wird diese Phase unendlich lange dauern. Diejenigen, welche zwar den Eintritt aber nicht den Zustand dieser Phase akzeptieren, werden daran arbeiten ihn so kurz wie möglich zu halten.

Nun gibt es viele Möglichkeiten, diese Tiefphase zu überwinden. Zum Teil wird versucht, sie mit mehr Arbeit auszugleichen. Dies kann aber nur jenen Verkäufern gelingen, welche vorher zu wenig geleistet haben. Denn wenn sie jetzt plötzlich mehr Zeit zum arbeiten finden, muß man sich die Frage stellen, wie haben sie die Zeit während eines normalen Geschäftsablaufes verbracht?

Anstatt über die flaue Saison zu klagen, wird ein vernünftiger Verkäufer eine schlechte Verkaufsphase dazu nutzen, um seine Kunden zu kontaktieren. Wenn es auch nicht immer möglich ist persönlichen Kontakt zu pflegen, dann sollte zumindest ein Telefonkontakt bestehen. Es gibt doch keine bessere Motivation für einen Verkäufer als ein Lob des Kunden für die gute Beratung oder die Empfehlung eines bestimmten Produktes zu hören.

Genau so wie beim Verkauf die Begeisterung des Verkäufers auf den Kunden überschlägt, genau so wird die Begeisterung des Kunden auf den Verkäufer übertragen.

Sollte der Kunde bei dieser Kontaktaufnahme das Produkt bemängeln, hat der Verkäufer nun die Möglichkeit etwas Positives zu erledigen indem er versucht den Kunden zufrieden zu stellen. Eine negative Kritik kann durch die Beseitigung der Mängel durchaus zu einem positiven Verhältnis zwischen Kunden und Verkäufer führen.

Dieser Umstand wird sich bei den folgenden Geschäftsabschlüssen mit dem betroffenen Kunden auswirken. Der Kunde wird sich höchstwahrscheinlich beim nächsten Kauf an jenes Unternehmen und dem jeweilig zuständigen Verkäufer wenden, bei welchem er bereits seine guten Erfahrungen gesammelt hat.

Zu den guten Erfahrungen zählen vor allem eine gute und kundenorientierte Beratung vor dem Verkauf.

Die meisten Menschen haben vor dem betreten eines Geschäftes eine gewisse Schwellenangst. Dies bedeutet einen Unsicherheitsfaktor bei den Entscheidungen des Kunden. Dieser Unsicherheitsfaktor besteht auch bei jenen Kunden, welche von dem Verkäufer aufgesucht werden. Nun gilt es erst einmal, dem Kunden die Scheu vor dem Unbekannten zu nehmen.

Dies erreicht man in der Regel schon durch einige freundliche Worte. Daraus entsteht ein gewisses persönliches Naheverhältnis.

Wo ein Verkäufer im Außendienst vor dem eigentlichen Verkaufsgespräch einen gewissen „small talk“ führt, wird im Verkauf welcher in einem Verkaufslokal stattfindet, auf diese Art des gegenseitigen Kennenlernens verzichtet. Dies durch den Umstand, daß immer wieder neue Kunden das Geschäftslokal betreten. Dem Verkäufer bleibt dadurch für den einzelnen Kunden wenig Zeit. Manchmal bleibt so wenig Zeit, daß die Verkäufer nicht einmal die Gelegenheit zum Grüßen wahrnehmen können.

Wie auch immer, es kommt auf alle Fälle zum sogenannten Verkaufsgespräch.

Im Zuge des Verkaufsgespräches wird zwar auf den Kunden eingegangen, aber nur soweit, als es dem Verkäufer lieb ist. Der Verkäufer möchte so rasch wie nur möglich zum Abschluß des Geschäftes kommen. Dagegen ist absolut nichts einzuwenden. Doch mit dem Abschlußziel vor Augen, vernachlässigen die Verkäufer jene Beratung vor dem Verkauf, welches zur Vertrauensbasis für zukünftige Geschäfte notwendig ist.

Hingegen müssen viele Verkäufer nach dem getätigten Abschluß dem Kunden das bereits verkaufte Produkt nochmals verkaufen, weil dem Kunden in der Zwischenzeit einige Fragen in den Sinn gekommen sind, oder der Kunde Zweifel an der Richtigkeit des Kaufes entwickelt.

Würde der Verkäufer vor dem Abschluß mit dem Kunden ein ernstes Gespräch über den Bedarf führen, könnte er sich in den meisten Fällen sehr viel Zeit ersparen. Obendrein hätte der Kunde das Gefühl eines bestens beratenen Geschäftsfreundes.

Unter den Verkäufern gilt der Spruch: *„Mach dir deinen Kunden zum Freund“*.

Dies gelingt dir am besten, wenn du dich in die Interessen des Kunden versetzen kannst.

Erst wenn du die Interessen des Kunden vertrittst, wirst du jene Produkte dem Kunden anbieten, welche du für richtig erachtest. Du bist der Spezialist. Du kennst die Produkte. Damit dies auch zur Geltung kommt, sprich mit dem Kunden darüber.

Die Kunst des Verkaufens liegt nicht darin, dem Kunden etwas zu *verkaufen*, sondern einzig und allein darin, den Kunden zu bewegen, daß „**er**“ etwas *kauft*.

Damit erhöhen sich die Kundenzufriedenheit und Verbundenheit zum Unternehmen und dem Verkäufer.

Schließlich hat jeder mehr Freude mit dem, was er selbst gewählt hat.

Mit einiger Übung wird es dir auch gelingen, das Verkaufsgespräch in ein Kaufgespräch umzuwandeln.

In einigen Ländern der Erde ist es Sitte, daß ein Ehepaar von den Eltern bestimmt wird. In den wenigsten Fällen gibt es in so einer Zwangsehe jemals Gefühle der Zuneigung. Stell dir vor, wie du dich fühlen würdest, wenn du verheiratet wirst. Ist es nicht viel schöner zu heiraten, wen und wann *du* willst?

Führe den Kunden mit deinem Beratungsgespräch dahin, daß er kaufen will.

Letztendlich wirst du feststellen, daß dein Verkäuferleben dadurch viel angenehmer und erfolgreicher wird.

Argumente

Warum soll der Kunde ausgerechnet „dein“ Produkt kaufen?

Es gibt doch gleiche oder gleichwertige Produkte auch noch wo anders.

Damit du einen Verkaufserfolg erzielen kannst, wirst du ganz tief in den Argumentekatalog greifen. Du wirst dem Kunden einige Argumente aufzählen, damit er von dem Produkt überzeugt wird.

An Stelle von Argument kann man auch die Worte „Begründung“ oder „Erklärung“ verwenden.

Bevor der Kunde etwas kauft, mußt du ihm Gründe nennen, warum er ausgerechnet dein Produkt kaufen soll. Du mußt argumentieren.

Vor jedem Argument steht eine Frage.

Obwohl vor jedem Argument eine Frage steht, werden die Worte, welche eine Argumentation auslösen mitunter nicht direkt als Frage formuliert. Es besteht durchaus die Möglichkeit, daß sich der „Fragesteller“ die Antwort in Gedanken bereits selbst gegeben hat. Als Beispiel dafür steht das klare „Nein“ des Kunden bei einer Kaufentscheidung.

Dies ist aber nur dann möglich, wenn im Verkaufsgespräch diverse Fragen offen bleiben, so daß sich der Kunde diese Fragen selbst beantworten kann. In mancher Situation wird er es auch tun. Der Kunde gibt sich vielleicht nur im Unterbewußtsein die Antwort auf die für ihn so wichtige Frage selbst, weil er sich nicht die Frage offen zu stellen traut.

Der Verkäufer kommt immer wieder in solche Situationen. Schon allein durch den vorgegebenen Argumentekatalog beim Verkauf.

Selbstverständlich sind gute Verkaufsargumente notwendig. Doch werden sie in die falsche Richtung gehen, wenn der Verkäufer gar nicht weiß, was für den Kunden wichtig ist.

Deshalb passiert es manchmal, daß der Verkäufer dem Kunden ein Produkt vorführt und erklärt, und der Kunde dennoch nichts kauft. Hier fehlt es an der zielführenden Kommunikation.

Vor jedem ernst zu nehmendem Verkaufsgespräch bedarf es einer gründlichen Vorbereitung. Der dafür benötigte Zeitrahmen liegt zwischen einigen Sekunden und mehreren Minuten. Er ist abhängig von der spezifischen Branche und der Produkte. Diese geistige Vorbereitung bezieht sich auf einige Fragen. Diese Fragen sollte sich der Verkäufer ***vor dem Verkauf*** selbst stellen.

- Wo liegen die möglichen Hauptinteressen des Kunden?
- Wo hat der Kunde seinen schwachen Punkt?
- Welches Problem hat der Kunde?

Nun kann man die Meinung vertreten, daß man alle diese Fragen nicht beantworten kann, bevor ein Kontakt zum Kunden besteht, beziehungsweise keine Informationen über den Kunden hat.

Dies ist teilweise richtig.

Dabei könnten nur sinnlose Vorurteile entstehen.

Diese Vorurteile entstehen aber nur dann, wenn der Verkäufer in eine einzige Richtung denkt.

Bei den angewandten Fragen vor dem Verkauf mußt du unterscheiden zwischen Kunden die dir bereits bekannt sind, und solchen die dir noch vollkommen fremd sind.

Bei bekannten Kunden oder jenen über die du einige Informationen hast, ist diese Vorbereitung sehr einfach durchzuführen.

Vermeintlich schwieriger erscheint die Vorbereitung betreffend noch unbekannten Kunden.

Dies trifft insofern nicht zu, als diese Fragen vor dem Verkauf zu deinem Nutzen werden. Durch diese Vorbereitung entwickelst du einen gedanklichen Argumentekatalog, welcher dir behilflich ist, eine rasche Bedarfsanalyse zu stellen. Du kannst im eigentlichen Verkaufsgespräch schneller mit verschiedenen Alternativangeboten reagieren.

Damit dies auch funktioniert, ist allerdings eine exakte Produktkenntnis mit allen Anwendungsmöglichkeiten notwendig.

Um herauszufinden, wo die Hauptinteressen des Kunden sind, genügen einige Fragen an den Kunden. Diesen Punkt wirst du recht bald erledigt haben.

Ein Versicherungsberater wird einer alleinstehenden Person kaum eine Lebensversicherung zur finanziellen Absicherung der Familie anbieten. Bei diesem Kunden werden die Hauptinteressen eventuell an einer Pensionsvorsorge liegen.

Um herauszufinden, wo der schwache Punkt liegt, bedarf es einer großen Aufmerksamkeit auf das, was der Kunde sagt. Hierbei genügt es nicht, bloß zuzuhören, Du mußt ***hinhören*** zu dem was dir erzählt wird.

Den schwachen Punkt des Kunden zu finden dient dazu, daß der Kunde wegen diesem einen Punkt bei dir kauft. Dieser eine Punkt kann durchaus Produkt- oder Leistungsbezogen eine nebensächliche Komponente haben. Für den Kunden erscheint sie aber überaus wichtig.

Wie fast überall im Leben die Kleinigkeiten eine größere Bedeutung haben. Über einen Politiker, welcher ungerechtfertigt die vergleichsweise Kleinigkeit von einigen Tausendern dazuverdient, wird in der Öffentlichkeit mehr gesprochen als über die von ihm verursachte enorme Staatsverschuldung in Milliardenhöhe.

Sobald du herausgefunden hast, welches Problem der Kunde hat, verkaufe ihm nicht das Produkt als ganzes, sondern biete ihm eine für ihn spezielle Problemlösung an.

Wie schon erwähnt, ist für diese Vorbereitung in Form der angewandten Fragen vor dem Verkauf eine exzellente Produkt- und Leistungskenntnis erforderlich.

Ein Verkäufer im Außendienst hat wahrscheinlich etwas mehr Zeit für seine Vorbereitung als ein Verkäufer in einem Geschäftslokal. Wo der eine sich während der Fahrt zum Kunden vorbereiten kann, muß der andere diese Fragen an sich selbst in kurzer Zeit, möglicherweise in Bruchteilen von Sekunden, verarbeitet haben.

Eine andere Art von angewandten ***Fragen im Verkauf*** sind jene, welche beim Verkaufsdialog gestellt werden.

Während die Vorbereitungsfragen vor dem Verkauf der Wahl der Gesprächsstrategie dienen, sind die Fragen beim Verkauf vorwiegend für das Produkt selbst. Dabei gibt es zwei Fragegruppen.

- Fragen an den Kunden
- Fragen des Kunden

Allgemein herrscht die Meinung, daß in einem Verkaufsgespräch der Kunde ca. 80 % und der Verkäufer die restlichen 20% reden sollen.

Viele Verkäufer können das nicht einhalten, weil sie doch das Produkt ausführlich zu erklären hätten.

In einem guten Verkaufsgespräch wird ein Dialog geführt. Das heißt, ein Frage- und Antwortspiel. Der Verkäufer stellt die Fragen und der Kunde antwortet. Nun ist es aber von Bedeutung, wie die Fragen formuliert werden.

Um den Kunden bei der Sache zu halten, formuliere die Fragen in der Art und Weise, daß der Kunde in Sätzen antworten muß. Also, niemals Fragen stellen, nach denen der Kunde bloß mit „JA“ oder „NEIN“ zu antworten braucht.

Solche Fragen verwende nach Möglichkeit nur in der Abschlußphase.

Beim Verkaufsgespräch selbst, ist es für einen guten *Verkaufsberater* wichtig, soviel wie nur möglich von den Wünschen oder Bedürfnissen der Kunde in Erfahrung zu bringen. Denn nur dadurch kann der Verkäufer intensiv auf seinen Kunden eingehen, das richtige Produkt für den Kunden auswählen und damit den Kunden zufriedenstellen.

Damit du recht viele Informationen vom Kunden bekommst, muß er dir recht viel erzählen. Mit „JA- und NEIN-Antworten" erzählt der Kunde nichts, er gibt dir nur eine kurze Antwort.

Bei der Fragestellung achte auch darauf, daß deine Fragen auf die Probleme des Kunden ausgerichtet sind. Wenn du das Problem des Kunden kennst, kannst du eine Problemlösung anbieten. Und diese Problemlösung ist jenes Produkt, welches du verkaufen willst.

Will der Kunde zum Beispiel einen Computer kaufen, sollte der Verkäufer den Kunden nicht fragen, welches Modell er haben möchte. Die unterschiedlichen Modelle kennt der Kunde nicht. Er kennt höchstens den Preis jenes Modells, welches er in der letzten Werbung gesehen hat.

Informativer ist die Frage, wofür er den Computer braucht und welche Aufgaben er übernehmen soll. Die grundsätzliche Information ist aber nicht ausreichend für eine Problemlösung. Dafür muß der Verkäufer wissen, wie der Kunde bisher gearbeitet hat.

- **Wozu** dient seine Arbeit?
- **Wieviel** Zeit hat er bisher dafür aufgebracht?
- **Welche** Abschnitte haben die größten Schwierigkeiten bereitet?
- **Welches** Problem gibt es bisher?
- **Wie** möchte er in Zukunft arbeiten?
- ..... ?
- ..... ?

Wie Du siehst, beginnen alle Fragen mit „W".

Alle Fragen welche die Wörter: „Wie, wozu, warum, welche, wieviel ..... etc.," beinhalten, bieten dem Kunden die Möglichkeit und auch die Aufforderung, in ganzen Sätzen zu antworten.

Diese Art von Fragestellung ist insofern wichtig, als der Gefragte erst einmal überlegen muß, was mit dieser Frage gemeint ist oder welche Antwort erwartet wird.

Er wird dementsprechend erst einmal über die Frage nachdenken. Im zweiten Schritt überlegt er die richtige Antwort und wie er sie formulieren soll. Beim Aussprechen der Antwort achtet er auf die Reaktion des Fragestellers. Schließlich ist er doch bemüht, die richtige und gewünschte Antwort zu geben.

In solcher Phase der Kommunikation ist der Gefragte aufs äußerste konzentriert. Dadurch hat er keine Gelegenheit, an etwas anderes zu denken. Er kommt in dieser Zeit nicht auf die Idee, daß das Wetter schlecht ist, irgendwelche Angehörigen oder Freunde demnächst Geburtstag haben oder vielleicht der Hund nächste Woche trächtig wird.

Denk doch einmal nur an die Zuhörer eines Vortrages. Bereits nach wenigen Minuten beginnen einige zu gähnen, andere blättern in der Zeitung oder sie machen sich Notizen über Dinge, welche ihnen soeben eingefallen sind.

Ein Monolog, welchen Inhalts auch immer, wirkt nach einiger Zeit einschläfernd.

Der Vortragende sucht sich mittels Blickkontakt seine wenigen Zuhörer. Durch diesen Blickkontakt werden diese wenigen gezwungen, andauernd den Redner anzusehen. Dieses ständige ansehen vermittelt dem Redner wiederum eine indirekte Herausforderung, mehr zu erzählen.

Dieses Verhalten kannst du selbst testen. Stelle einer Person eine Frage und blicke ihn konzentriert an und nicke zustimmend mit dem Kopf. Auch wenn er die Frage bereits beantwortet hat, sprich nicht zu ihm, sonder blicke ihn erwartungsvoll an. Nach einigen Sekunden des Schweigens wird diese Person wieder das Wort aufnehmen und weiter erzählen oder seinerseits eine Frage an dich richten.

Dieses menschliche Verhalten kannst du zu deinem Vorteil verwenden.

Stelle deinem Kunden jene Fragen welche für die Produktpräsentation wichtig sind. Höre aufmerksam zu und ***höre*** noch interessierter ***hin***. Als Zeichen deiner Aufmerksamkeit nicke hin und wieder mit dem Kopf. Unterbreche ihn auch nicht. Der Kunde liefert dir dadurch die notwendigen Verkaufsargumente.

Durch die Offenbarung der Argumente durch den Kunden, wandelt sich das Verkaufsgespräch automatisch in ein Kaufgespräch.

Der Kunde selbst legt die Argumente auf den Tisch. Du brauchst gar nichts dazu beitragen. Argumente welche der Kunde entwickelt hat, sind seine guten Kaufargumente. Seine eigenen Kaufargumente akzeptiert der Mensch viel leichter als die Verkaufsargumente des Verkäufers.

Manchmal kann es vorkommen, daß der Kunde eine Meinung vertritt, welche nicht den Tatsachen entspricht. Laß dich in so einem Fall auf keine Diskussion ein. Kein Mensch läßt sich gerne seine eigene Meinung umdrehen. Außerdem gilt unter den Verkäufern der Spruch: „Eine gewonnene Diskussion ist ein verlorener Abschluß“.

Halte dich vielmehr an die Fragetechnik. Führe das Verkaufsgespräch mit deinen gezielten Fragen.

Wer fragt, der führt.

Auch wenn der Kunde zwischendurch Fragen an dich richtet, wirst du die Gesprächsführung in deinen Händen halten.

Einige Verkäufer empfinden die Fragen des Kunden als lästige Unterbrechung, wenn nicht gar als Gegenargumentation.

Tatsächlich beinhalten Kundenfragen wertvolle Informationen für den Verkäufer. Zeigen doch solche Fragen die Richtung, in welcher der Kunde seine Interessen hat. Sie dienen als Bestätigung dafür, daß der Verkäufer auf dem richtigen Weg ist. Wenn nicht, kann er recht bequem die Richtung ändern.

Die Kundenfragen sind ein wesentlicher Faktor in einem Verkaufsgespräch. Fachlich und sachlich fundierte Fragen sind als Ernst zu nehmende Kaufsignale zu werten. Durch die Art der Fragestellung vermittelt er seinen Grad an Interesse.

Ist das Verkaufsgespräch an dieser Phase angelangt, hat der Kunde eine positive Kaufeinstellung. Du brauchst diese Signale nur noch zu erkennen um sie zu nützen.

Um sie erkennen zu können, solltest du vollkommen ohne inneren oder äußeren Druck an das Gespräch herangehen können. Druckfrei bist du am besten dann, wenn du immer einen gedanklichen Schritt vor dem Kunden bist. Dein Gehirn muß dementsprechend schon warmgelaufen sein. Das erreichst du am besten durch die Vorbereitung vor dem Verkaufsgespräch.

Solltest du zur Aufgabe erhalten, ein Referat vor einigen Personen abzuhalten, wirst du dich wahrscheinlich intensiv darauf vorbereiten. Du wirst überlegen, wie du das Referat gestaltest, welchen

Verlauf es nehmen soll, und die hoffentlich richtigen Worte dafür wählen.

Was hindert dich daran, eine Vorbereitung für eine Person zu treffen?

Abschluß

Das Verkaufsgespräch hat recht gut begonnen.

Du als Verkäufer bist auf die Fragen des Kunden eingegangen, hast ihm das gewünschte Produkt gezeigt und erklärt. Der Kunde ist offensichtlich von dem Produkt und seinen Vorteilen überzeugt. Das Gespräch selbst war offen und von einer gewissen Dynamik geprägt.

Du bist dir des Verkaufabschlusses sicher und rechnest in Gedanken bereits die verdiente Provision aus.

Schnell wiederholst du einige Punkte, welche anscheinend den Kunden besonders interessierten. Du steigerst dich in die Begeisterung förmlich hinein. Diesen Kunden hast du bereits gewonnen.

Während du zum Kugelschreiber greifst, stellst du an den Kunden die Frage:

„Darf ich die Bestellung aufschreiben?"

Du bist verwundert und überrascht, wenn er auf diese Frage ***kein*** klares „Ja" als Antwort gibt.

Die Folge davon ist eine innere Verkrampfung und möglicherweise eine äußere Ablehnung dem Kunden gegenüber.

Da hast du dich aufgeopfert und dem Kunden alles Mögliche und Unmögliche über „dein" Produkt erklärt, und der Kunde sagt trotzdem „Nein". So undankbar kann doch nur ein Mensch sein, welcher über die harte Arbeit eines Verkäufers nicht Bescheid weiß.

Du versuchst, die Enttäuschung nicht anmerken zu lassen.

Mit einem gezwungenen und dadurch verkrampften Lächeln versuchst du den Kunden doch noch zum Kauf zu bewegen. Doch der Kunde muß sich das alles noch einmal überlegen.

Diese schwere Niederlage nimmst du (meistens zu Recht) sehr persönlich auf. Von einer Sekunde auf die andere wird dir der Kunde unsympathisch und lästig.

Nachdem man alles unangenehme so schnell wie nur möglich abwenden möchte, willst du auch den Kunden rasch los werden. Schließlich hast du nur Zeit für Kunden, welche etwas kaufen wollen. Für Informationen ist doch die Werbung in den Medien ausreichend vorhanden.

Du drückst also dem Kunden ein Prospekt in die Hand und verabschiedest ihn mit einem hervorgepressten Lächeln. Wenn er sich alles überlegt hat, soll er wieder zu dir kommen. Du wirst dich über seinen Besuch freuen.

„Verkaufen" ist nun mal ein schwerer und nervenaufreibender Beruf.

Lieber Verkäuferkollege, geschätzte Verkäuferkollegin!!

„Verkaufen" ist prinzipiell nicht schwer. Es ist nur für jene Verkäufer schwer, welche sich das „Verkaufen" zu leicht nehmen.

„Verkaufen" ist der schönste Beruf den es gibt.

Nenne mir einen anderen Beruf, in welchem du täglich so viele Erfolgserlebnisse haben kannst als den eines Verkäufers.

Es gibt keinen schöneren.

Warum gehst du immer wieder zum selben Friseur?

Weil er sich gut verkauft.

Deine Haare waschen, schneiden und frisieren kann ein anderer Friseur genauso gut. Dieser eine, „dein“ Friseur oder Friseurin, geht auf deine Person ein. Er oder sie erzählt dir Witze, wenn du Witze hören willst. Willst du deinen Kummer los werden, der Friseur nimmt sie. Du fühlst dich wohl bei ihm. Obwohl er dir etwas verkauft. Er verkauft dir seine Dienstleistung. Er geht auf dich ein. Darum, und nur darum, kommst du immer wieder zu ihm.

Oder doch nicht?

Gibt es da nicht noch etwas anderes?

Sollten deine Haare ein kleines Problem haben, weist er darauf hin und behandelt sie dementsprechend. Er trifft eine Entscheidung, welche für dich von Wichtigkeit ist und mit der du auch einverstanden bist. Doch das nehmen wir bereits als Selbstverständlichkeit hin. Darüber denken wir gar nicht nach.

Doch gerade jenes Verhalten, welches für vermeintlich Nebensächliches alltäglich und normal wirkt, ist für viele Verkäufer das größte Problem.

„Verkaufen“ heißt nicht nur ein Produkt zu erklären.

Das Verkaufsgespräch wird in viele Abschnitte geteilt. Der letzte Abschnitt ist der Abschluß.

Gerade dieser Abschnitt wird von vielen Verkäufern vernachlässigt.

Sie wirken wie ein 100 Meter - Läufer, welcher das Ziel vor Augen und den vermeintlichen Sieg in der Tasche bereits nach 95 Metern zu laufen aufhört, und anschließend enttäuscht und empört ist, wenn ihn andere Läufer überholen und siegen. Danach hilft ihm nicht das Argument, er hätte 95 Meter den Lauf angeführt und deshalb gebühre ihm die Trophäe.

Grundsätzlich beginnt und endet ein Verkaufsgespräch wann du es als Verkäufer bestimmst.

Wenn du das Verkaufsgespräch schon vor dem Abschluß beendest, darfst du dich auch nicht beklagen, wenn der Kunde nicht kauft.

Zu jedem Verkaufsgespräch gehört ein Abschluß.

Dazu gibt es viele verschiedene Abschlußtechniken.

Diese sind vorwiegend abhängig von der jeweiligen Branche, dem Produkt, der Verkaufs- (Kaufs-) Anbahnung, dem Gesprächsverlauf, den Kaufsignalen und letztendlich vom Kundenbedarf.

Ausgenommen von der Abschlußtechnik ist nur der „passive" Verkauf. Bei einem Kunden welcher eine Tageszeitung kauft, brauchst du keine Abschlußtechnik anwenden.

Doch schon der „aktive" Verkäufer benötigt eine Abschlußtechnik.

Selbst der Zusatzverkauf in Form von Alternativfragen ist eine Art der Abschlußtechnik.

Ein Kellner, welcher den Gast fragt, ob er eine Suppe wünscht, wird wenig Erfolg mit dieser Fragestellung haben.

Fragt er allerdings, ob der Gast eine Leberknödel- oder doch lieber eine Grießnockerlsuppe wünscht, wird diese Alternativtechnik gleichzeitig zur Abschlußtechnik. Durch diese gezielte Art der Frage, wird dem Gast die Entscheidung ob Suppe „JA“ oder „NEIN“ vom Kellner abgenommen. Der Gast braucht sich nur noch nach seinen persönlichen Vorlieben orientieren, welche Art von Suppe er konsumiert.

Diese Vorgangsweise hat zwei positive Seiten. Zum einen erhöht der Kellner seinen Umsatz und dadurch sein Einkommen, zum anderen fühlt sich der Gast als gut beraten und betreut. Er ist der Meinung, der Kellner geht auf seine rein persönlichen Bedürfnisse ein.

Allerdings sollte der Kellner darauf achten, daß diese Frage nicht stereotypisch wird, indem er jedem Gast täglich diese Frage mit demselben Inhalt stellt. Dadurch wirkt und wird sie lästig.

Das menschliche Gehirn ist, obwohl es sehr schnell arbeitet, etwas träge. Obendrein werden die meisten Entscheidungen auf der Gefühlsebene getroffen.

Wenn man nun bedenkt, daß das Gehirn für die erforderlichen Entscheidungen Impulse aussendet, welche im Brachzustand ausgeglichen „Ja“ und „Nein“ lauten, so mußt du als Verkäufer das Impulsverhalten des Kunden soweit bringen, daß die „Ja - Impulse“ überwiegen.

Diese Impulsgebung kannst du als Verkäufer steuern.

In vielen Fällen ist es notwendig, diese Impulssteuerung während des Verkaufsgespräches vorzunehmen. Dies geschieht durch einzelne „Vorabschlüsse".

Solche Vorabschlüsse wirst du dann vornehmen, wenn der Kunde etwas ablehnend deinen Vorschlägen gegenübersteht.

Wenn du merkst, daß der Kunde nicht so recht mit seinen Gedanken bei der Sache ist, oder im Extremfall sogar ablehnend wirkt, dann stelle ihm die einfache Frage:

„Wenn ich Ihnen dieses Produkt zu Ihrer vollen Zufriedenheit erklären kann, und Sie, Sie ganz allein, sind davon überzeugt, daß Sie dieses Produkt brauchen, können wir uns dann am Ende des Gespräches über den Kauf unterhalten?"

Durch diese Fragestellung erhältst du das erste klare „JA" des Kunden.

Was kann er denn schon verlieren? Am Ende des Gespräches kann er doch behaupten, daß dieses Produkt für ihn nicht zufriedenstellend ist.

Dadurch wird der Kunde äußerst aufmerksam bei dem Verkaufsgespräch mitarbeiten, weil er anschließend eine Entscheidung treffen muß.

Eine andere Art des Vorabschlußes ist das gegensätzliche Verkaufsgespräch.

Nachdem du dem Kunden auf seinen Wunsch ein bestimmtes Produkt mit einem bestimmten Preis gezeigt hast, zeigt er in vielen Fällen ein reserviertes Verhalten in der Annahme, daß du ihm anschließend ein viel teueres Produkt einreden möchtest.

Hier verhalte dich gegensätzlich zu seiner Erwartung.

Zeige ihm ein Produkt, welches etwas billiger ist, aber dennoch annähernd dieselbe Aufgabe erfüllt.

Dadurch passiert etwas eigenartiges, der Kunde schließt dich als seinen Freund in sein Herz ein. Denn damit hat er nicht gerechnet. Üblicherweise werden alle Verkäufer teurer, du aber wirst billiger.

Diese Vorgangsweise hat er sich von dir nicht erwartet.

Eigenartig, daß in vielen Fällen der Kunde letztendlich sogar bei dem ersten Produkt, dem teueren, bleibt.

Auf alle Fälle kannst du mit einigen Zusatzverkäufen den Umsatz wieder steigern. Vermeide dabei die Nennung der endgültigen Summe. Verkaufe nur die einzelnen Zusatzstücke mit dem jeweiligen Preis.

Nun liegt es nur mehr an dir, wie du durch eine gezielte Fragetechnik das emotionale Verhalten des Kunden auf die Bedürfnisebene bringst.

Aber ***ACHTUNG!***

Denk an den 100 Meter - Läufer!

Laß dich durch die intensive Mitarbeit des Kunden nicht dazu verleiten zu glauben, daß du das Geschäft bereits unter Dach und Fach gebracht hast.

Das Verkaufsgespräch endet erst dann, wenn du es willst.

Was willst du?

Einen Verkaufsabschluß?

Dann beende das „Verkaufsgespräch“ erst ***nach*** dem Abschluß!

Damit das auch gelingt, wende eine Abschlußtechnik an.

Mache das emotionale Verhalten zu deinem Verbündeten. Andere machen das auch. Meistens sehr geschickt.

Denk nur an so manche Werbeaussendungen in denen hervorgehoben wird, daß die ersten Besteller etwas gratis dazu bekommen. Die meisten Bestellungen werden nur deshalb getätigt, um das Gratisgeschenk zu erhalten, obwohl das eigentliche Produkt gar nicht so notwendig gebraucht wird. Wäre es notwendig, hätte es der Kunde bereits.

Nun sollst du aber nicht jedem Kunden etwas schenken damit er kauft.

Du sollst ihn so weit bringen, daß er es unbedingt haben will.

Welche Genossenschaft ist Weltweit die größte?

Die Neidgenossenschaft.

Neid haben, oder Neid erzeugen.

Kein Mensch kauft sich einen Sportwagen nur deshalb, weil er ihn braucht. Er kauft dieses oder jenes Modell nur deshalb, weil er sich in Gedanken mit stolzgeschwellter Brust durch die Gegend fahren sieht und damit die neidvollen Blicke seiner Freunde, Bekannten und Nachbarn auf sich zieht.

Dieses Verhalten kannst du für deine Abschlußtechnik nützen.

Allerdings geht das nicht mit jedem Produkt. Meistens nur mit solchen, welche der Kunde in der Öffentlichkeit präsentieren kann.

Bei manchen Produkten ist für die Abschlußtechnik das Produktentziehens vorteilhaft.

Nachdem du dem Kunden die Vorteile erläutert hast, nimm am Ende des Verkaufsgespräches dem Kunden das Produkt wieder weg.

Ich meine damit nicht, daß du dem Kunden das Produkt aus der Hand reißen sollst. Es genügt ihm klar zu machen, daß dieses Produkt nur unter gewissen Voraussetzungen zu haben ist.

Kein Mensch läßt sich gerne etwas wegnehmen.

Die Folge davon ist, daß der Kunde sofort zu erklären beginnt, warum er die dafür notwendigen Voraussetzungen besitzt.

Damit ist alles klar.

Du hast den Kunden so weit, daß er „dein" Produkt unbedingt haben will.

Ausgerechnet jetzt, wo alles so klar und einfach scheint, ausgerechnet jetzt kommt der schwierigste Schritt der meisten Verkäufer:

> *Wie schaffe ich den Übergang vom Verkaufsgespräch bis zum ausfüllen des Bestellscheins, des Antrags oder wie diese Zettel auch immer heißen mögen.* <

In diese Phase wird meistens all das, was man mühevoll aufgebaut hat, wieder zerstört.

Durch die Unsicherheit des Verkäufers, („kauft er oder kauft er nicht?“) werden alle guten Verkaufsargumente so lange wiederholt, bis der Kunde gereizt wird und gar nicht mehr an den Kauf denkt. Er möchte nur mehr seine Ruhe haben.

Wenn der Kunde schon so weit ist, daß er dein Produkt haben will, dann zögere nicht mit dem ausfüllen des Bestellscheines etc.

Nimm ihm ganz einfach die Entscheidung über den Kauf ab.

Es liegt in der Natur des Menschen, daß er nicht sehr entscheidungsfreudig ist. Du kannst ihm dabei helfen.

Denk an das Beispiel mit dem Kellner und der Suppe. *Der Kellner* hat die Entscheidung getroffen, daß der Gast eine Suppe ißt. Er bietet ihm nur noch zwei Alternativen zur Wahl an.

Fang ganz einfach mit dem notieren der Bestellung an. Du kannst sogar schon inmitten des Verkaufsgespräches Notizen am Bestellschein machen. Mögliche abweisende Betonung des Kunden auf einen „noch nicht Kauf“ kannst Du mit dem Hinweis auf unterstützende Notizen abwehren.

Was notierst du zuerst?

Beginne nicht mit dem Namen, der Adresse und so weiter. Dadurch fühlt sich der unschlüssige Kunde womöglich genötigt, bedrängt oder im schlimmsten Fall sogar vergewaltigt.

Da alle Angaben auf dem Bestellschein wichtig sind (ansonsten würdest du sie nicht notieren), beginne mit den für den Kunden nebensächlich erscheinenden Angaben.

In diesen Minuten, wo du den Schein ausfüllst, herrscht meistens Stille. Der Kunde hat nun die Zeit dafür, Zweifel an dem Kauf zu hegen.

Halte den Kunden bei der Sache. Sprich mit dem Kunden, indem du alles sagst, was du schreibst. Noch besser wirkt es, wenn du den Kunden dabei Fragen zu Detailbestätigungen stellen kannst.

Erst am Schluß frage nach dem Namen.

Lege anschließend den Bestellschein so hin, daß ihn der Kunde lesen kann. Gehe mit ihm die einzelnen ausgefüllten und notierten Punkte durch. Frage ihn, ob sein Name und die Adresse auch richtig geschrieben sind.

Danach halte ihm deinen Kugelschreiber vor die Brust. Du wirst sehen, er greift danach und unterschreibt.

Auch wenn er bereits einen anderen Kugelschreiber in seiner Hand hält, wird er meistens automatisch zu deinem Schreibgerät greifen.

Bis zum Leisten seiner Unterschrift hat der Kunde dennoch die Möglichkeit „Nein“ zu sagen.

Was hast du dabei schon verloren?

Absolut nichts!

„Nicht gekauft“ hat der Kunde bis zur Unterschrift. Du kannst also nur gewinnen. Vielleicht wirst du den Bestellschein manchmal ohne Verkaufsabschluß ausfüllen. Aber in den meisten Fällen mit Erfolg. Deine Abschlußquote wird sich wesentlich erhöhen.

Bis zum endgültigen Kauf steht der Kunde unter gewaltigem Verkaufsdruck. Entlaste ihn nach dem Kauf davon. Räume alle Verkaufsunterlagen vom Tisch weg.

Gratuliere ihm zu seiner für ihn vorteilhafter Kaufentscheidung.

Genauso wie du zu Beginn des Verkaufsgesprächs einen kurzen „small talk" führst, sollst du auch nach dem Kauf ein kurzes Gespräch führen. Lasse den Kunden nicht in einen emotionalen Abgrund stürzen. Dies würde nur die meistens obligate Kaufreue verstärken.

Nur Diebe und Betrüger laufen davon.

Ein guter Freund wird sich mit einem Lächeln und dankenden Worten für die Gastfreundschaft verabschieden.

Es ist nicht nötig, daß du den Kunden für seinen Kauf dankst. Bedanke dich für das Vertrauen welches er dir geschenkt hat.

Der Kunde schenkt dir sein Vertrauen, bemühe dich, daß es so bleibt!

Empfehlung

Ein Unternehmen welches seine Produkte verkaufen will um einen wirtschaftlichen Erfolg zu erzielen, muß selbstverständlich auf seine Produkte und Leistungen aufmerksam machen. Im herkömmlichen Sinn spricht man dabei von Werbung.

Dabei kann man auf unterschiedliche Medien zurückgreifen. Angefangen, von den elektronischen Massenmedien wie Hörfunk, Fernsehen, Internet und andere computerunterstützte elektronische Medien.

Weit verbreitet sind auch Werbeeinschaltungen in den diversen Printmedien wie Tages- und Wochenzeitungen, Magazinen und Fachjournale. Standortmäßig gezielt einsetzen lassen sich Werbeplakate, Postwurfsendungen und Flugzettel. Manche Unternehmen schreiben eine ausgewählte Klientel persönlich an.

Diese Arten von Werbung verlangen einen hohen Kapitaleinsatz.

Der Vorteil allerdings liegt klar auf der Hand. Er liegt bei den Werbeträgern.

Nun muß uns aber auch bewußt sein, daß die Werbebranche nicht nur ein Wirtschaftsfaktor, sondern für die meisten Konsumenten eine wichtige Entscheidungshilfe ist.

Für finanzschwache Bevölkerungsschichten kann eine Werbeaussendung mit Sonderangeboten eine wesentliche Bedeutung der Existenzgrundlage bilden.

Jedes Geschäft lebt vom Verkauf. Auch deines.

Damit du etwas verkaufen kannst, brauchst du die Kunden. Um zu Kunden zu kommen, mußt du Werbung betreiben.

Wir alle wissen, jede Werbung kostet Geld. Und das Ergebnis kann Niemand voraussehen oder sogar planen.

Davon ausgenommen ist eine, eine einzige Art der Werbung: „*Die* ***Weiterempfehlung***“.

Die Weiterempfehlung kostet kein Geld und verspricht den größten Erfolg.

Ein Verkäufer im Außendienst für den Privatkundenbereich möchte etwas verkaufen. Nehmen wir an, er verkauft Staubsauger.

Er geht von Tür zu Tür und versucht seine Produkte zu verkaufen. Mit etwas Glück verkauft er ein Stück. Wahrscheinlich deshalb, weil das alte Gerät soeben defekt wurde.

Am Ende des Verkaufsgespräches überreicht der Verkäufer dem Kunden seine Visitenkarte und betont, der Kunde möge ihn doch weiterempfehlen.

Unter Umständen kommt der Verkäufer auf diese Art und Weise zu einem Folgegeschäft. Aber wahrscheinlich auch nur deshalb, weil er dem ersten Kunden eine Gratisreinigung versprochen hat.

Ist das Verteilen von Visitenkarten die goldene Regel für eine effiziente Weiterempfehlung?

NEIN!!

Vergiß es sofort!

Du benötigst nur viele Visitenkarten und es weckt nur unerfüllbare Hoffnungen in dir.

Eine Weiterempfehlung entwickelt sich nur dann zu einer geschäftlichen Grundlage, wenn du vom Kunden *sofort* einige Namen seiner Familie, Freunden oder Bekannten bekommst. Diese Weiterempfehlungen mußt du vom Kunden verlangen.

Es gibt zwar einige Kunden welche von sich aus Weiterempfehlungen nennen, doch sind diese so wenig, daß du nicht einmal einen Finger zum Zählen brauchst.

Also bleibt dir nichts anderes übrig, als den Kunden zu bitten, er soll dir einige Weiterempfehlungen nennen.

Nach einem gut geführten Verkaufsgespräch mit einem erfolgreichen Abschluß werden die Fragen nach Weiterempfehlungen nicht schwerfallen. Von deiner kundenorientierten Beratung eingenommen, wird dir der Kunde auch die entsprechende Anzahl von Empfehlungen geben.

Sehen wir uns einmal die schwierigere Situation an, wo der Kunde nicht gekauft hat.

Du hast dich sehr bemüht. Alle vorteilhaften Argumente hast du dem Kunden aufgezählt.
Der Kunde hingegen wollte nicht kaufen.

Obwohl das Gespräch professionell mit Fragetechnik und allem was dazugehört geführt wurde, hat der Kunde zwar das Produkt lobenswert bestätigt, aber mit einem Lächeln den Ankauf abgelehnt. Und jetzt fragst du ihn, ob er vielleicht jemanden kennt, der vielleicht Interesse an dem Produkt haben könnte.

Das funktioniert bestimmt nicht.

Damit der Kunde Empfehlungen nennt, mußt du ihn erst einmal in deine Gedankliche Richtung bringen.

Denk doch einmal nach, Du hast mit dem Kunden bezüglich eines Geschäftes gekämpft. Du sagst „Ja", er sagt „Nein"; Du sagst „Ja", er sagt „Nein" und so weiter.

Der Kunde fühlt sich doch bedrängt von dir.

Zwischen dem Kunden und dir ist eine unsichtbare Mauer aufgebaut worden. Die mußt du erst abbauen. Zum Abbauen der Mauer benötigst du ein Werkzeug. Dieses laß dir vom Kunden geben. Dieses Werkzeug zum abbauen der Mauer ist der wahre Grund warum der Kunde nicht kauft.

Stell dem Kunden die Frage, warum er nicht kaufen will oder kann. Beachte dabei aber, daß es immer zwei Gründe dafür oder dagegen gibt. Ein Grund, welcher gut aussieht; ein zweiter, welcher wahr ist.

Nachdem du den wahren Grund herausgefunden hast, identifiziere dich mit dem Kunden.

Räume alle Verkaufsunterlagen und den Kugelschreiber weg. Entlasse den Kunden vom Verkaufsdruck. Gleichzeit erkläre dem Kunden, daß etwas Eigenartiges passiert ist:

Du hast dich intensiv darum bemüht um den Kunden von dem Produkt zu überzeugen. Er hat dich aber davon überzeugt, daß dieses Produkt, aus seinem genannten Grund, wirklich nicht in Frage kommt. DU hättest an seiner Stelle genauso gehandelt.

Durch diese Identifikation mit dem Problem des Kunden, löst sich dessen Spannungszustand, der Druck des einen und der Gegendruck des anderen ist sofort weg.

Nun kannst du ein richtig lockeres Gespräch mit dem Kunden über deine Produkte beginnen. Frage ihn um seine Meinung. du wirst sehen, er spricht über das Produkt, als ob er es dir verkaufen möchte.

Dies ergibt sich aus einer gewissen indirekten Verpflichtung dem Verkäufer gegenüber, weil er nicht gekauft hat.

Nun ist der richtige Augenblick gekommen, den Kunden um Empfehlungen zu bitten. Aber bitte nicht direkt mit der Holzhammermethode. Der Kunde geht zwar bereits in Deine Richtung, aber noch nicht auf deiner Linie. Dazu bedarf es nur noch einer kleinen Kurskorrektur.

Laß dir vom Kunden bestätigen, daß dieses Produkt nicht nur für ihn, sondern auch für andere Personen interessant, wichtig oder von Bedeutung sein kann oder ist. Du siehst deine Aufgabe darin, die Informationen über das Produkt auch anderen Personen mitzuteilen. Ohne jede Verpflichtung dieser Personen, denn auf einen Kauf oder Nichtkauf hast du natürlich keinen Einfluß. Das muß jeder für sich entscheiden.

Der Kunde kann dir bei deiner Pflicht behilflich sein. Er soll dir die Namen und Telefonnummern seiner Freunde und Bekannten nennen, damit du sie fragen kannst, ob sie an dieser Information Interesse haben.

Leider hast du nicht die nötige Zeit, um alle zu fragen, aber für sieben seiner besten Bekannten bringst du sie gerne auf.

Selbstverständlich kannst Du eine andere Zahl als die sieben nennen. Bedenke aber, daß die fünf oder die zehn extrem kaufmännisch klingen. Die Zahl sieben ist nicht zu viel, aber der Kunde wird dennoch etwas gefordert.

Nimm ein Blatt Papier zur Hand und betone dabei, daß er solche Personen nennt, die ihm mehr oder weniger am Herzen liegen und nicht solche, die für den Kauf dieses Produktes in Frage kommen. Schließlich geht es hauptsächlich um die Information.

Notiere erst einmal die Namen und die weiteren Informationen welche er dir sofort nennt. Um weitere Details, wie Telefonnummer oder Adresse frage ihn erst später. Dadurch wird sein Gedankenfluß nicht unterbrochen.

Häufig passiert es, daß der Kunde nach zwei oder drei Namen zu stocken beginnt. Das ist ganz normal. Versuche selbst, sofort sieben deiner Bekannten aufzuzählen. Merkst du, wie in deinem Kopf die Gedanken durcheinander wirbeln?

Dem Kunden geht es genau so. Er sieht vor lauter Bäumen den Wald nicht mehr.

Übe an dieser Stelle keinen Druck aus. Du würdest dadurch wieder eine unsichtbare Mauer aufbauen. Das wäre das Ende deiner Bemühungen.

Vermeide strengstens irgendeine Bemerkung, welche für den Kunden blamabel wäre. Stelle dich mit ihm auf eine Stufe. Hilf ihm, sich auf deine Stufe zu bringen.

Sage ihm, du hättest die gleichen Probleme, wenn es darum geht, eine Liste für ein Klassentreffen aufzustellen.

Durch dieses Wort erreichst du eine Identifikation. Du mit ihm, und er mit dir. Zusätzlich gibst du ihm eine Kategorie von möglichen Personen vor.

Bleibt an dieser Stelle das „A HA" des Kunden aus, gib ihm eine andere Kategorie vor.

Als sehr nützlich erweist sich die sogenannte Bierfaßmethode.

Angenommen, du bringst dem Kunden ein kleines Faß Bier. Allerdings unter der Voraussetzung, daß es am nächsten Tag leer ist. Wen würde er zu dieser „Grillparty" einladen?

Die Betonung auf „Grillparty" ist wichtig. Nur zum Bier saufen kann er sich jeden Alkoholiker holen. Zu einer Grillparty werden nur ausgewählte Personen geladen.

Mit dieser Methode wird es leichter werden, zu Weiterempfehlungen zu kommen. Doch auch hier geht es zu wie in jedem normalen Verkäuferleben, einmal geht es besser und einmal etwas weniger gut.

Der Kunde hat dir mit der Nennung von Empfehlungen sein Vertrauen entgegengebracht. Es gehört zum guten Ton, nach den durchgeführten Gesprächen dem Empfehlungsgeber davon zu berichten. Manchmal gibt es dadurch noch weitere Empfehlungen, obwohl du gar nicht danach zu fragen brauchst.

Selbstverständlich gehört zum beherrschen der Empfehlungstechnik ein intensives Training dazu. Doch schon nach kurzer Zeit soll deine geschäftliche Tätigkeit wie ein gutes Rad funktionieren.

Terminvereinbarung - Verkaufsgespräch - Weiterempfehlung - Terminvereinbarung - Verkaufsgespräch - Weiterempfehlung - ..... - ..... - .....

Als guter Verkäufer wirst du dich nicht auf die Werbeideen anderer verlassen, sondern selbst aktiv an deinem geschäftlichen Erfolg arbeiten.

Wenn du eine hilfreiche Hand zur Unterstützung brauchst, denke daran, du findest sie am Ende *deines* Armes.

Erfolg

AKTIVITÄT
AKTIVITÄT
AKTIVITÄT
AKTIVITÄT

ERFOLG

Erfolg ist die Summe deiner Aktivitäten welche unter dem Strich herauskommt!

Nicht nur die Aktivitäten im eigentlichen Sinne sind für den Erfolg Ausschlag gebend. Viel mehr zählt zu den notwendigen Aktivitäten die innere Einstellung zu den Aktivitäten. Es gibt leider sehr viele Menschen die äußerst aktiv sind, doch in Wahrheit gar nicht wissen was sie tun. Hörst Du manchmal den Spruch: „Der ist mit Herz bei der Sache!"?

Ein junger, aktiver und erfolgreicher Manager ist, wie so oft, auf Geschäftsreise. Diesmal ist er in Amsterdam.

Bevor er den Heimflug antritt denkt er an seine Familie. Seine Frau muß sehr viel Verständnis für seinen Beruf aufbringen. Er ist geschäftlich sehr viel in der ganzen Welt unterwegs. Ein kleines Geschenk als Dank und Anerkennung wäre angebracht.

Er denkt nach, was er seiner Frau aus Amsterdam mitbringen könnte. Es sollte etwas Typisches aus dieser Stadt sein. Als typische Dinge aus Amsterdam fallen ihm ein: Tulpen, Käse, Rauschgift und Diamanten. Er überlegt: die Tulpen halten nicht so lange, bis er zu Hause ankommt, Käse bekommt er auch im Supermarkt zu Hause, Rauschgift soll nicht besonders gesund sein. So bleiben ihm nur noch die Diamanten.

In Amsterdam gibt es die größte Diamantenbörse.
In der Straße der Diamantenhändler angekommen, betritt er ein kleines Geschäft. Eine angenehme Atmosphäre empfängt ihn. Das Geschäft ist mit dicken Teppichen ausgelegt, die Wände und die Einrichtung sind aus edelstem Mahagoni. Die unzähligen Diamanten werden durch die gezielte Beleuchtung hervorragend betont.

Ein noch junger aber dynamischer Verkäufer tritt auf ihn zu und fragt ihn nach seinen Wünschen. Er zeigt ihm einige Edelsteine. Schon nach Betrachtung von wenigen Steinen hat er einen passenden Diamanten gefunden.

Der Verkäufer beginnt diesen Edelstein zu verpacken, der Manager zückt seine Kreditkarte. Noch, bevor er die Kreditkarte überreicht, überkommen ihn einige Bedenken. Er meint zum Verkäufer, daß er sich diesen Ankauf noch einmal kurz überlegen möchte. Schließlich handelt es sich hierbei um eine größere Ausgabe, als er vorgehabt habe. Nach einem Spaziergang rund um den Häuserblock werde er dem Verkäufer mitteilen, ob er den Diamanten kaufen wird oder nicht.

Der Manager dreht sich um und macht sich daran, das Geschäft zu verlassen. Noch, bevor er den Ausgang erreicht, öffnet sich an der Mahagoniegetäfelten Wand eine vorher unsichtbare Türe. Ein älterer Mann, scheinbar der Besitzer des Geschäftes, beginnt mit dem Manager ein Gespräch.

Die beiden wechseln einige Worte, plötzlich dreht sich der Manager um, geht zum Verkäufer zurück und läßt den Edelstein verpacken.

Bevor der Manager das Geschäft mit seinem gekauften Diamanten verläßt, tritt er auf den älteren Mann zu und sagt zu ihm: „ Ich verstehe das nicht. Ihr Verkäufer zeigt mir die schönsten Edelsteine und ich zögere mit dem Kauf. Dann wechsle ich mit Ihnen einige Worte und habe mich zu dem Kauf entschlossen. Können Sie mir sagen, woran es liegt?"

Der alte Mann antwortet: „ Wissen Sie, ich habe meinen Verkäufer jeweils ein halbes Jahr nach Südafrika und Australien geschickt, damit er vor Ort in den Diamantenminen die Qualität der Edelsteine kennenlernt."

„Ja, das habe ich schon bemerkt, daß er sich auskennt" antwortet der Manager. „ Doch sagen Sie mir bitte, warum habe ich bei ihm gezögert und bei Ihnen sofort gekauft?"

„Nachdem er in den Diamantenminen war, habe ich den Verkäufer noch für einige Monate nach Israel zu den besten Diamantenschleifern zur Ausbildung gegeben, damit er die unterschiedlichen Schliffe und Farben besser beurteilen kann" sagt der alte Mann.

Der Manager etwas unruhig. „ Mir ist schon aufgefallen, wie gut der Verkäufer die Unterschiede der Steine erklären kann. Was mich interessiert ist, warum habe ich bei ihm gezögert und bei Ihnen sofort gekauft?"

„Er war auch für einige Wochen an der Wallstreet in New York, damit er die Preis- und Qualitätsmerkmale in den Griff bekommt" betont der alte Mann.

Beinahe flehend sagt der Manager: „Es blieb mir nicht verborgen, daß dieser Top-Verkäufer die beste Ausbildung hat. Der Mann ist so gut, am liebsten würde ich ihn mitnehmen und in meiner Firma anstellen. Aber bitte sagen Sie mir endlich, warum habe ich bei ihm gezögert und bei Ihnen gekauft?"

Daraufhin antwortet der alte Mann: „Zwischen diesen bestens ausgebildeten Verkäufer und mir ist nur ein einziger Unterschied - ich liebe diese Steine"

Sobald du behaupten kannst, du liebst Dein Verkäuf erleben, dann bist du auf dem richtigen Weg zum Erfolg.

Mit diesem Buch habe ich versucht dir zu verdeutlichen, welche Richtung du einschlagen mußt um zu Erfolg zu gelangen.

Auf der Straße zum Erfolg *gehen* musst ***Du, DU*** ganz allein!

Ich wünsche dir von ganzem Herzen ein erfolg***reiches*** Verkäuferleben!!!
Du musst dazu nur eines tun: nämlich TUN.

Norbert Urbitsch